KB125518

왕초보 나도 책을 쓸 수 있다!

핸드폰 하나로 책과 글쓰기 도전

핸드폰 하나로 책과 글쓰기 도전

초판 1쇄 발행 2017년 8월 1일

지 은 이 가재산·장동익
발 행 인 권선복
편 집 천훈민
디 자 인 김소영
전 자 책 천훈민
발 행 처 도서출판 행복에너지
출판등록 제315-2011-000035호
주 소 (07679) 서울특별시 강서구 화곡로 232
전 화 0505-666-5555
팩 스 0303-0799-1560
홈페이지 www.happybook.or.kr
이 메 일 ksbdata@daum.net

값 20,000원
ISBN 979-11-5602-504-7 (93500)

왕초보 나도 책을 쓸 수 있다!

핸드폰 하나로 책과 글쓰기 도전

| 가재산 · 장동익 지음 |

"내가 살아온 인생을 소설로 쓰면 몇 권이 나온다."

예전 어머니, 할머니들이 입버릇처럼 하시는 말씀을 들어본 적이 있다. 그만큼 모진 가난과 호된 시집살이로 어렵게 사신 삶이 한이 되어 하신 말들이다. 그러나 그런 소설이 나온다는 것은 전문작가 외에는 불가능했다. 이제 가능한 시대가 되었다. 스마트폰에 대고 줄줄이 이야기만 하면 글이 되어 컴퓨터에 즉시 뜨기 때문에 설령 전문작가가 아니더라도 왕초보도 마음만 먹으면 얼마든지 가능하다.

요즘에는 누구나 책 한 권쯤 내고 싶어 한다. 그러나 결코 쉬운 일이 아니다. 특히 처음 책을 내는 사람들은 학원에서 책 쓰는 기법을 배우고, 출판하기까지 다시 전문가로부터 개인교습을 받거나 작가에게 맡기기도 한다. 더구나 불황과 스마트폰으로 인해 책 판매량이 점차 줄다 보니 이제는 출판사에서도 인세는커녕 웬만한 전문가 실력을 인정받지 못하면 책을 출간하는 데 필요한 비용을 자비로 지불해야만 책을 출간해준다. 이 경우 출간하는 데 소요되는 비용이 최소한 천만 원에서 많을 경우는 3천만 원 정도의 비용이 들어간다. 여기 소개되는 클라우드 기술을 활용하면 왕초보들도 이러한 경비 없이 가능하며, 걸리는 시간도 1/3 정도로 줄일 수 있다고 확신한다.

우리나라는 인터넷 보급률 세계 1위로서 인터넷 강국이라고 자랑하고 있으면서도 4차 산업혁명 시기에 중요한 클라우드 기술 활용에 있어서는 후진국 중에도 후진국이다. 이제는 스마트폰에서 활용할 수 있는 여러 가지 종류의 클라우드 앱들이 장소나 기기에 구애 받지 않고 언제든지 문서를 만들고 어디서나 작업이나 회의도 가능하도록 개발되어 있다.

이런 기술들은 2007년도에 스마트폰이 처음 소개되어 이 세상을 바꾸어 놓았듯이 회사의 업무를 획기적으로 줄이고 개선하여 업무생산성을 크게 높일 수 있다. 더구나 이 기술을 활용하면 책 글쓰기 세상을 완전히 바꾸어 놓게 될 것이다. 그것도 무료로 제공되는 각종 앱들의 활용으로 말이다. 그런데 우리나라에는 이런 사실을 아는 사람이 거의 없다. 정말 답답하기 짝이 없었다.

그런 답답한 상황 속에서 내게 힘을 준 사람은 강민구 법원 도서관장이다. 강 판사가 2017년 1월 부산지방법원장을 떠나면서 마지막으로 강연한 '혁신의 길목에 선 우리의 자세'라는 제목의 고별강연을 독자들 중에서도 본 사람이 많을 것이다. 이미 6월 말로 110만 건을 돌파하는 진기록을 이어 나가고 있다. 나이 든 시니어들로부터 젊은이들에게 이르기까지 많은 시청을 했다.

이 강연을 나와 공저자인 가재산 대표도 시청하고는 마침 책 글쓰기 학교 회장을 맡고 있는 가 대표가 책 글쓰기를 원하는 사람들을 위한 책을 내는 것이 어떠냐는 제안을 했다. 그 결심을 하고 이 책자의 원고를 탈고하기까지는 놀랍게도 고작 2개월밖에 걸리지 않았다. 바로 이 책자에서 상세하게 소개하고자 하는 '핸드폰 하나로 책 글쓰기' 기법을 활용했기 때문이다.

최근의 IT 기술은 사람이 스마트폰에 대고 말을 하거나 스마트폰으로 책자나 인쇄물의 필요한 부분을 사진 찍으면 타이핑 전혀 없이 문서로 작성해주고, 그렇게 문서로 작성된 것을 예쁜 여성의 디지털 목소리로 읽어준다.

넘쳐나는 온갖 인터넷 자료들, 동영상들 중 필요한 것을 핸드폰에 대고 찾으라고 지시하면 바로 찾아서 그중 내가 원하는 부분만 복사해서 재사용할 수 있다. 핸드폰은 화면이 작지만 그 화면을 그대로 PC모니터보다 훨씬 큰 TV로 시청하며 교정도 가능하다. 번역의 기능이 대폭 강화되어 이제 300쪽에 달하는 책 한 권의 번역 초벌도 몇 시간이면 끝난다. 그 번역 품질은 믿기 어려울 정도로 훌륭하며 104가지 종류의 언어로 짧은 글은 순식간에 번역을 해 준다.

책 글쓰기의 가장 어려운 과정이 자료 수집이다. 과거에는 신문이나 책을 별도로 스크랩해 두었다가 타이핑을 해야 했다. 이 책자에 소개하는 세계 최고의 최신 기술들을 잘 숙달하기만 하면 타이핑 거의 없이도 책 한 권을 출간할 수 있는 각종 기법들을 소개하고 있다.

이 책은 1장과 2장에서는 책과 글 쓰는 세상이 어떻게 변화되었는지를 알려준다. 책 글쓰기를 원하는 사람이라면 누구나 지금 당장 도전할 수 있다는 자신감을 불어 넣어 주는 내용이다. 3장에서 7장까지는 앞에서 소개한 클라우드 기술을 활용하여 자료 수집에서부터 글을 쓰고 편집하여 책자 원고 작성 및 교정 방법까지를 배우게 될 것이다.

7장까지 마스터한 사람은 8장에서 '책은 과연 어떻게 태어나게 되는가?'라는 내용으로 책의 처음 기획 단계부터 책이 나와서 출판기념회를 준비하기까지의 프로세스를 종합적으로 익힐 수 있도록 정리하였다. 따라서 왕초보들도 이를 따라서 그대로 하기만 하면 전문가들의 간단한 코칭만 있어도 자신의 힘만으로 책 글쓰기를 실행에 옮길 수 있게 된다. 만일 독자가 책 글쓰기의 전문가라면 8장에서는 클라우드 기술의 놀라운 효과를 보고 스스로 감탄하게 될 것이다.

나는 이 책자를 통해서 책 글쓰기 전문가나 책 글쓰기를 원하는 왕초보들에게 이제는 책을 낸다는 것이 예전에 비해서 비교도 할 수 없을 만큼 쉬워졌다는 사실을 실제 체험을 통해 알게 하고 싶다. 그리고 더 나아가 이제 꿈으로만 가지고 있었던 왕초보 당신도 책을 쓰는 일에 지체하지 말고 지금 당장 도전장을 과감히 던져보라고 강력하게 추천하고 싶다.

끝으로 이 책자가 이 세상에 나올 수 있도록 관심과 아낌없는 지원을 해준 행복에너지 권선복 사장께 진심으로 감사를 드린다.

– 공저자 **장 동 익**

CONTENTS

책 글쓰기와 관련된 IT 기술 트렌드

PART 3

핸드폰으로 자료 수집하기(I)

PART 4

PART 5 핸드폰으로 자료 수집하기(II)

PART 6 핸드폰으로 자료 관리하기

PART 7 핸드폰으로 책자 원고 작성 및 교정

책은 어떻게 태어나는가

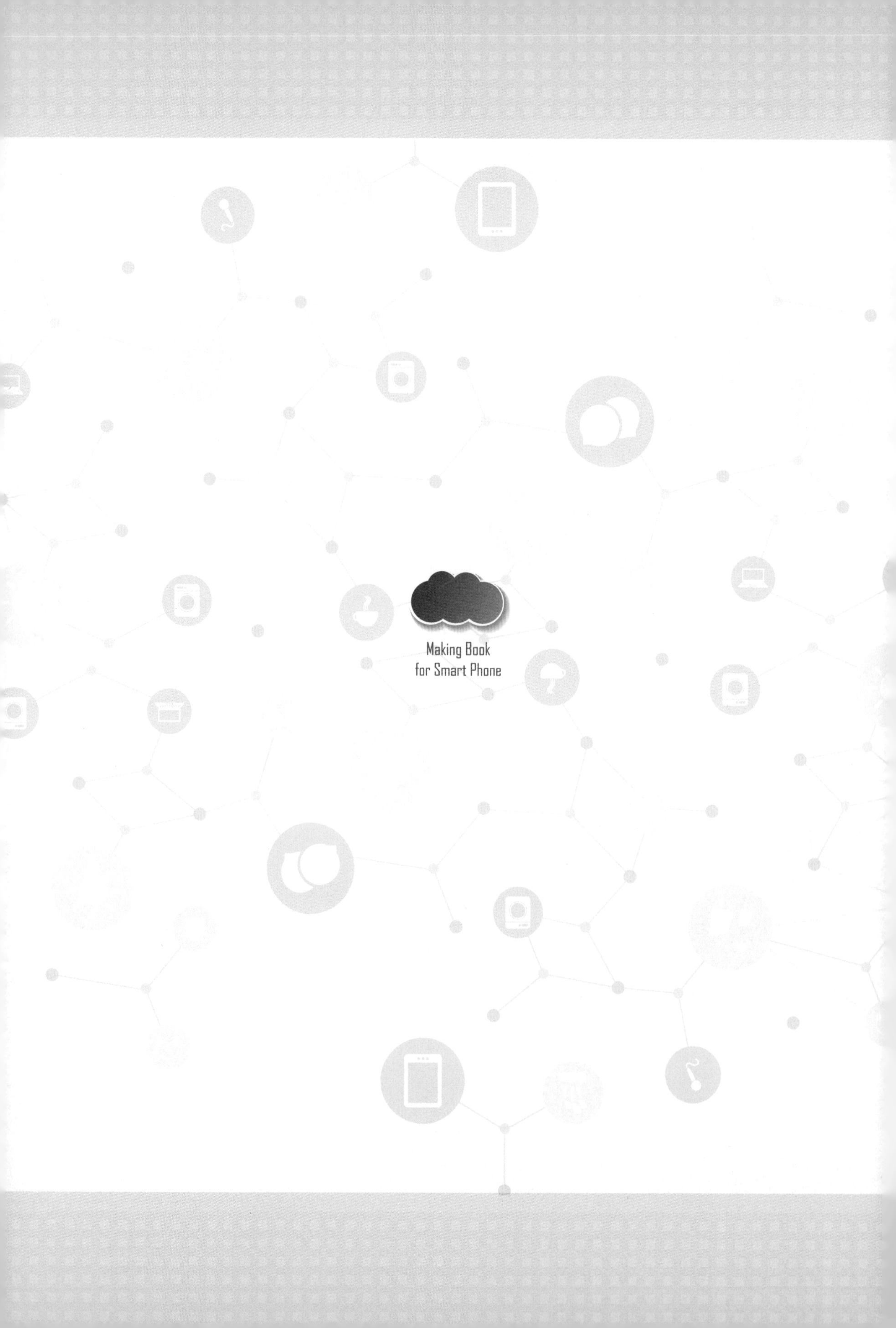
Making Book
for Smart Phone

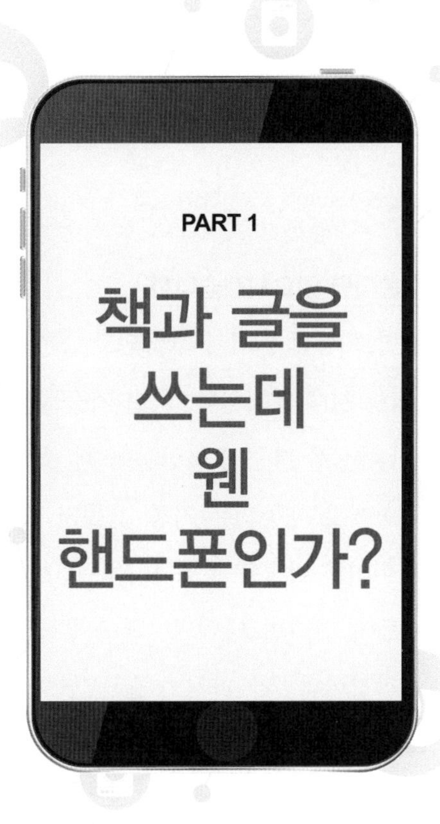

PART 1

책과 글을 쓰는데 웬 핸드폰인가?

강민구 신드롬의 파괴력

핸드폰 하나로 책을 쓴다면 믿으시겠습니까?

이제는 스마트폰에 말로 하면 문서가 작성되고 스마트폰으로 사진을 찍기만 하면 문서가 작성되는 시대가 되었다. 이런 기술들은 2007년도에 스마트폰이 처음 소개되어 이 세상을 바꾸어 놓았듯이 책 글쓰기 세상을 완전히 바꾸어 놓았다. 그것도 공짜로 제공되는 각종 앱들의 활용으로 가능하다. 책을 쓰고 글을 쓰는 데 이러한 기술을 몸소 실천하고 보여준 분이 있다.

젊은이들에게 아이돌이 있다면 나이 든 분들에게 어른돌(?)이 있다. 바로 강민구 법원 도서관장이다. 강 판사가 2017년 1월 부산지방법원장을 떠나면서 강연한 '혁신의 길목에 선 우리의 자세(https://www.youtube.com/watch?v=N3JYzb_pCr8)'라는 제목의 고별강연이 유튜브에서 조회 수가 2017년 6월 말로 110만 건을 넘어섰다. 여러 언론에서도 이를 다뤘으며, 나이 든 시니어들은 물론 젊은이들에게 이르기까지 많은 시청을 했다. 심지어는 스님과 재가불자 사이에서도 화제가 되고 있다.

강연은 4차 산업혁명 시대에 어떻게 해야 디지털 문맹에서 벗어날 수 있는지를 쉽게 설명한 내용이다. 법조계의 'IT전도사'라고 불리는 강 판사는 한국의 사법정보화 수준을 세계 최상위권으로 끌어올린 주역이다. 그는 이 강연에서 인공지능과 로봇기술로 대변되는 기술혁신의 시기에 그것을 적극 활용해 창의적인 일에 나서야 한다는 메시지를 전달했다. 특히 세계 곳곳에서 진행되는 최첨단 기계를 소개하는가 하면 스마트폰의 혁신적인 앱인 에버노트, 오피스 렌즈, 구글포토, 네이버 파파고 등을 활용하면 적은 노력으로 엄청난 성과를 거둘 수 있음을 역설했다.

그는 남이 가지 않은 길을 걸었다. 30년 전에 코딩을 배웠다. 격무에 시달리면서도 15년 동안 정보기술IT 잡지를 모아 6개월마다 모르는 내용을 책으로 엮어 냈다. 그렇게 만든 책 30권을 사법고시 공부하듯 달달 외웠다. IT 고수가 되자 IT를 사법행정에 접목했다.

그는 1998년 종합법률정보 1.0을 완성했고, 법률 데이터베이스DB 구축과 전자소송을 도입한 주역이다. 한국 사법부 최초로 스마트법정, 예술법정, 음악법정을 도입했다. 스마트폰 앱 기술을 활용하여 쓴 책만도 17권이나 된다. 2014년 2월에는 창원지방법원장 취임식을 파워포인트로 했다. 지방법원장 시절에 종이 상장을 팝아트 초상화 상장으로 만들었고, IT 집중 교양 강좌를 개설해 화제가 되기도 했다.

그러나 조회 수가 110만 건이라는 폭발적인 인기를 누리게 된 것은 내용도 좋았지만 무엇보다도 가장 중요한 사실은 그가 IT 전문가도 아니요, 더구나 젊은 사람이 아니라 올해 60이라는 사실 때문이다. 화제가 된 마지막 강의를 일반적으로 쓰는 빔 프로젝터가 아니라 핸드폰을 손바닥에 올려놓고 직접 조작하며 강의한 것도 놀라운 사실이다. 서문에서 밝혔지만 이 책은 순전히 강민구 판사 덕분에 나오게 되었다. 큰 행운이 아닐 수 없다.

공짜라면 양잿물도 마신다는데 클라우드는?

우리 속담에는 '공짜라면 양잿물도 마신다.'는 말이 있다. 세상 사람들은 너나 나나 공짜를 좋아한다. 공짜를 좋아해서는 안 되는 데도 불구하고 사람들은 좋아한다. 공짜 좋아하다 신세를 망친 사람들을 종종 볼 수 있다. 공짜 뒤에는 항상 함정이 있다. '공짜 점심'이란 용어는 미국 서부 개척시대에 술집에서 일정 한도의 술을 마시는 손님에게 식사를 무료 제공한 데서 비롯됐다고 한다.

그러나 공짜 밥을 먹으려면 그만큼 술을 많이 마셔야 되고 당연히 술값이 많아지게 마련이다. 그저 밥을 주는 것 같지만 술값 속에 밥값이 포함된 셈이어서 마냥 좋아할 일만은 아니라는 사실을 뒤에 알아차린 것이다. 언뜻 보기에 공짜인 것 같지만 알고 보면 공짜가 아니다. 어떤 식으로든 대가를 치러야 한다. 러시아 속담에도 "공짜 치즈는 쥐덫에만 놓여 있다."란 말이 있는데, 같은 취지다. 요즘 공짜가 몰려오고 있다. 공짜 PC, 공짜 카페, 공짜 사냥, 공짜 다운로드, 공짜 넷북, 공짜 스마트폰 등이 소비자를 현혹한다. 특히 사이버 공간에선 공짜 마케팅이 대세다. 심지어는 프리코노믹스 Freeconomics, 공짜라는 의미의 'Free'와 경제학의 'Economics'를 합쳐 만든 신조어도 생겼다. '공짜 점심은 없다.'는 기존 경제학 격언이 인터넷 시대에는 크게 흔들리고 있어 흥미롭다.

이런 공짜가 폭발적으로 몰려오고 있는데도 우리나라에서는 유일하게 손을 대지 않는 곳이 있다. 바로 클라우드 기술이다. 상세한 이야기는 뒤에서 자세히 하겠지만 이 분야는 후진국 중에도 후진국이다. 우리나라가 열세였던 전자분야에 고속망을 깔아 인터넷 보급률 세계 1위가 되고 인터넷 강국이 되었지만 유독 클라우드는 말레이시아 같은 국가에도 미치지 못하고 있다. 4차 산업의 핵은 초연결과 고지능화다. 이 연결의 고속도로가 클라우드인데 이 고속도로가 차단되어 있는 것이다. 더구나 클라우드로 제공되는 웬

만한 앱 기술이나 툴은 다 공짜다. 그런데도 아무도 이것을 활용하지 않고 있다. 전부 공짜인데도 말이다. 좀 더 구체적으로 들여다보자.

이 책에서 소개하는 각종 무료 앱들 중에서 특히 클라우드 저장 공간으로 무상 제공하는 구글 드라이브, 마이크로소프트 원드라이브 및 드롭박스는 어느 정도 공간이 채워지면 끊임없이 업그레이드해야 한다는 경고문구가 나타난다. 내가 아는 많은 사람들은 그 경고 문구 때문에 걱정이 되어, 활용하고자 하는 업무에 맞추어 다른 기능을 활용하는 등의 방법을 사용하면 전혀 걱정할 필요가 없는데도 추가로 공간을 확보하기 위해 비용을 지불하는 경우들이 많이 있었다.

그런데 아무리 많은 자료를 처리하는 사람이라 할지라도 비용을 추가로 지불하지 않으면 안 될 만큼 엄청난 크기의 데이터를 활용하는 사람은 거의 없다는 사실이다. 상기 앱들 이외에도 네이버 클라우드는 30GB까지 무상 제공하고 나아가 클라우드 저장 공간이 부족하다고 생각하는 경우는 핸드폰 자체에도 SD카드를 추가하면 최근에 출시되는 핸드폰의 경우는 256GB까지 저장할 수 있기 때문이다. 자신이 확보하고 있는 모든 데이터를 클라우드나 또는 이동하면서 활용하기 위해 핸드폰 SD카드에 저장하지는 않기 때문에 걱정할 필요가 없다. 많은 부분은 아직도 PC에 저장해도 된다. 물론 클라우드 제공자들이 유상으로 제공하는 일부 저장 공간을 추가한다고 해서 비용이 크게 들어가는 것은 아니지만 추가비용을 지불하면서까지 저장공간을 추가로 확보할 필요는 없다.

핸드폰으로 책을 쓴다는 게 가능한가?

2015년까지만 해도 핸드폰으로 책을 쓴다고 하면 이상한 사람이 아닌가라는 말을 들었을 것이다. 그런데 이제는 그 말이 당연한 말처럼 들려야 하는 시대가 되었다. 이렇게 말할 수 있도록 만들어 준 것이 바로 클라우드와 모바일 기술을 책 글쓰기에 가능하도록 만들어 준 음성과 관련한 기술, 이미지 안에 들어있는 문자를 인식하는 기술과 번역과 관련한 기술들이다. 이제는 말을 하면 문자화해 주며 어떤 이미지든 사진을 찍으면 그 속에 들어 있는 문자를 문자화시켜 준다. 문서를 말로 읽어 준다. 400쪽이나 되는 책도 반나절이면 초벌 번역을 마칠 수 있는 기술이 뒷받침되고 있다.

책 쓰기와 관련한 최근 기술의 큰 도약은 크게 음성인식 기술, 이미지 인식기술과 문자를 읽어주는 기술 등 세 가지 기술의 상용화에 있었다고 할 수 있다. 물론 다른 여러 가지의 기술들이 융합하여 적용되었기 때문에 가능해진 것이기는 하다. 그런데 그것도 무료 제공하는 핸드폰 앱의 형태로 우리에게 나타났다.

첫째, 음성 인식 기술은 당초 1950년대부터 이미 개발이 시작되었고 PC를 위한 기술도 개발이 되었었다. PC에서의 기술은 개발은 되었으나 상업화에는 실패하였다. 그러나 핸드폰 관련하여서는 꾸준히 개발되어 2011년에 시리Siri가 음성 인식 기술 상용화에 성공하여 애플 아이폰에 처음으로 탑재되면서 각 핸드폰 메이커에 적용되기 시작하였다.

둘째, 이미지에서 텍스트를 출력하는 이미지 인식 기술은 OCROptional Character Recognition이라고 하는데 예를 들어 독자가 이미 PC에 저장하고 있는 PDF파일을 편집할 수 있는 문서로 변환한다든지, 여행을 갔다가 빌딩에 붙어있는 안내문을 사진 찍어 두어 핸드폰에 저장해 놓았던 사진을 문서로 변환시키는 기술을 말한다.

셋째, 문자를 음성으로 읽어주는 기술은 TTSText to Speech라고 부르는데 문서를 예쁜 디지털 여성 목소리(물론 남성 목소리로도)로 읽어 주는 기술을 말한다.

상기 대표적인 세 가지의 기술이 핸드폰으로 책 글쓰기를 가능하게 만들어 주는 대표적인 기술이다. 그런데 이런 기술들보다 더 중요한 요소는 클라우드 기술이다. 지금은 PC로 실행할 수 있는 기능보다 핸드폰으로 실행할 수 있는 기능이 훨씬 더 많고 편리하게 되었다. 핸드폰이 PC보다 불편한 것은 단지 화면이 작아 읽기가 불편하다는 것과 자판이 너무 작아 타이핑하기가 불편하다는 것 이외에는 거의 대부분 더 편리하고 기능도 훨씬 더 다양하다. 그런데 클라우드 기술은 우리가 어디에 있든 언제든 상관없이 핸드폰이나 패드나 PC나 노트북 등 어떤 디바이스로도 필요한 때면 즉시 일할 수 있는 스마트 워킹Smart Working 환경을 가능하도록 해 준다.

책 쓰기에서 가장 시간이 많이 걸리고 중요한 것이 자료 수집이다. 그런데 상기와 같은 최신 기술을 모르는 사람들은 책을 읽다가 필요한 부분이 생기면 복사하여 스크랩해 놓든가 책 자체에 포스트잇을 붙여 놓아 나중에 필요할 때 찾아내어 PC에서 타이핑하는 방법 이외에는 방법이 없었다. 필요하다고 생각하는 자료들을 보관하는 방법도 문제였었다. 그러나 지금은 필요한 부분은 어디에서, 언제 발견하였든 장소와 시점에 관계없이 언제든지 사진을 찍기만 하면 문서가 된다.

그리고 내가 별도로 관리하거나 또는 PC가 아니더라도 구글이나 네이버 등 클라우드 저장 공간에 저장해 놓으면 된다. 나중에 어떤 자료가 필요할 때 필요한 자료에 해당하는 키워드 몇 자만, 그것도 말로 하면 파일의 제목만이 아니라 그 파일의 내용까지 친절하게 찾아 들어가 키워드에 맞는 파일을 즉시 찾아 준다.

정보검색도 잘 활용하면 얼마든지 많은 자료를 구할 수 있다. 더구나 핸드폰에서는 말로 명령만 내리면 언제 어디서든 각종 검색엔진에 들어가 필요한 자료를 찾아 주기도 한다. 그 자료를 즉시 복사하여 내가 저장하고자 하는 형태로 클라우드에 저장해 놓을 수 있다. 어떤 좋은 아이디어가 생기든지, 혹은 자신의 경험을 아무 곳에서든 조용한 곳에서 핸드폰에 대고 말로 하기만 하면 바로 문서로 작성해 준다. 과거에는 자서전을 쓰는 사람들은 책 쓰기 전문가에게 비싼 비용을 지불하면서 그들 앞에서 말로 하면 녹음해서 전문가들은 그 녹음된 것을 자기의 처소로 가져가서 들으면서 PC로 타이핑을 하는 수밖에 없었지만 이제는 전문가의 도움도 필요 없이 내가 스마트폰에 대고 직접 말하기만 하면 그 말하는 것이 바로 문서가 된다.

그리고 어떤 동영상이든 이미지든 필요한 부분만을 복사하여 클라우드에 저장해 놓을 수 있다. 만약 책 쓰기를 할 때 자료 수집이나 분석의 목적으로 설문조사가 필요하면 내가 직접 클라우드 앱을 활용하여 기존의 설문조사 방법과는 비교도 안 되는 짧은 시간 내에 설문조사를 마칠 수 있다. 그리고 수집한 모든 문서들은 산책을 할 때나, 산행을 할 때나 대중교통을 이용할 때나 해변에 있을 때에도 예쁜 여성의 목소리로 들을 수 있고 또한 TV가 있는 곳에서는 핸드폰의 작은 화면이 아니라 TV로 그 문서를 보면서 들을 수도 있다.

외국 서적이나 자료에서 책 집필에 필요한 부분이 있다면 이제는 걱정할 필요가 없다. 필요한 부분을 사진을 찍거나 혹시 전자서적으로 읽을 수 있는 책자라면 그 문서를 그대로 번역기에 넣기만 하면 즉시 번역해 준다.

이제는 마지막 책 원고를 작성할 때 이외에는 타이핑할 일이 크게 없다. 원고를 작성할 때에도 타이핑하는 것보다 핸드폰에서 말로 해서 문서로 작성하는 것이 더 효율적이다. 이제까지 설명한 책 글쓰기 관련한 핸드폰에서의 기능은 대부분 PC에서는 실행할 수 없거나 실행한다 할지라도 매우 비효율적인 기능들이다. 그래서 핸드폰으로 책 글쓰기가 가능한 것이다.

어떤 클라우드 어플들이 유용한가?

앞에서도 설명했듯이 책 글쓰기와 관련하여 이 세상을 가장 크게 바꾸어 놓은 기술은 음성인식 기술인데 이는 '지능형'이라는 수식어를 달고 진화했다. 애플이 2011년 '아이폰4S'에 지능형 음성인식 기술 시리를 탑재하고 이를 지능형 개인비서Personal Assistant라고 소개하면서 선을 보였다. 그 이후에 삼성전자 'S보이스', 엘지전자가 자체의 기술로 선보인 'Q보이스' 등의 이름으로 이 개인비서 앱들은 계속 발전해 왔다. 최근 삼성은 S8 기종을 소개하면서 '빅스비'라는 S보이스의 발전된 모습을 소개했고, 네이버도 최근 클로바Clova라는 개인비서 앱을 소개하였다. 지능형 음성인식 기술 앱들이 자체의 기종에 특화되어 있지만 네이버의 클로바는 기종에 관계없이 적용될 수 있도록 개발하겠다는 의지를 발표했다. 앞으로의 발전이 기대된다.

이제까지는 사람의 음성을 인식하고 그 음성 명령을 수행하는 데 보다 초점이 맞추어졌었다면, 이제 앞으로는 핸드폰 사용자 개개인의 특성이나 행동 및 습관을 보다 더 면밀하게 분석하고 그 결과를 지속적으로 학습하고 기억함으로써 보다 나은 개인 비서역할을 수행하도록 발전하게 될 것이다. 그래서 최근의 음성 인식기술은 지능형이라는 말이 추가된 것이다.

외로운 사람들에 대한 친구로서의 개인비서 역할을 담당해 주는 아마존의 에코와 알렉사도 새로운 세계를 여는 주역 중 하나이다. 구글의 나우와 같은 앱은 사람의 음성과는 상관없이 사용자의 행동패턴을 지속적으로 연구하여 예를 들어 사용자가 어떤 지하철역에서 내리면 바로 다음에 연결되는 지하철이나 교통편의 도착시간을 알려 주기도 한다. 앞으로 이와 같은 기술들은 책 글쓰기에도 단지 음성을 문서화해주고 문서를 읽어줄 뿐만 아니라 저자가 자료 수집하는 과거의 패턴을 기억하여 두었다가 새로운 자료가 나오면 미리 알려주는 서비스도 가능해질 것이다. 이제 나는 이와 같이 매우 빠르게 진화되는 발전의 방향을 기반으로 책 글쓰기에 도움이 되는 앱들을 소개하고자 한다.

이러한 음성 인식기술과 연계되어 책 글쓰기에 활용할 수 있는 무료 앱들은 무수하게 많이 개발되어 있다. 그러나 이 책자에서는 그중에서 그간 내가 10여 년에 걸쳐 활용해 본 결과 가장 대표적이고도 통합하여 활용하기에 효과적이라고 판단하는 앱들을 중심으로 소개하고자 한다. 따라서 각각의 기능에서는 이 책자에서 소개하는 기능보다 더 좋은 무료 앱이 있을 수도 있음을 양지해 주기 바란다.

이 책자에서 소개하고자 하는 주요 무료 클라우드 앱들은 다음과 같다.

구글 드라이브		구글 문서		구글 스프레드시트	
구글 프레젠테이션		구글 행아웃		구글 지메일	
구글 번역	G 文	구글 URL Shortener		구글 캘린더	31
마이크로소프트 오피스 렌즈	L	마이크로소프트 워드	W	마이크로소프트 원드라이브	
네이버 파파고	papago	네이버 클로바		네이버 클라우드	N
드롭박스	Dropbox	한컴 지니톡	GenieTalk	토크프리	

이 책자에서는 PC에서 활용할 수 있는 동영상이나 이미지를 필요한 만큼 복사할 수 있는 '오캠'과 PC에 탑재하여 PC 및 자신이 활용하고 있는 모든 클라우드 저장 공간에 저장되어 있는 각종 문서를 순식간에 검색해 주는 '에브리싱'을 추가로 설명한다.

그리고 핸드폰 화면은 TV에서 별도의 연결이 없이도 무선으로 바로 볼 수 있다. 요즈음 어떤 케이블 방송이나 인터넷 방송도 핸드폰만큼 다양한 콘텐츠를 제공하지는 못한다. 다양성으로 따지면 비교도 안 된다. 엄청난 분량의 유튜브, TED, 각종 영화, 네이버나 구글 등 검색엔진을 통한 자료와 카톡 등 SNS를 통해 보내지는 자료 등, 핸드폰에서 볼 수 있는 모든 자료를 TV로 볼 수 있다는 말이다. 독자가 가지고 있는 TV가 스마트 TV가 아니라면 '무선 MHL 동글'이라는 작은 HDMI 연결 단자가 필요하다. 이 연결단자를 통상 TV의 뒷면에 위치한 HDMI 연결단자에 꽂으면 핸드폰 화면을 TV로 볼 수 있게 된다. 일반적으로 사람들이 읽기만 해서 이해하는 것보다는 들으면서 이해하는 것이 훨씬 효과적이고 나아가 들으면서 읽는 것의 효과는 또 더 크다.

책 쓰는 기간과 비용을 1/3로 대폭 줄일 수 있다

책을 한 권도 써 보지 못한 사람들은 이해하지 못하는 고통이 반드시 따른다. 전문작가는 다르겠지만 일반인들은 책을 쓰기 위해서 자기가 하고 있는 무언가를 포기하는 용기가 없이는 불가능하다. 내가 20여 권의 책을 쓰면서 경험한 바도 비슷하다. 한 권이 끝날 때마다 다시는 또 시작하지 못할 것처럼 힘들다는 사실을 너무나 잘 안다.

또한 책을 쓰려면 경비가 수반된다. 이러한 경비는 두 가지로 나누어 보아야 한다. 하나는 책이 나오기까지의 직접적으로 눈에 보이는 금전적 부담이고 또 하나는 직접적 금전은 수반하지 않더라도 여기에 투자한 시간과 노력의 간접적인 기회비용機會費用이다.

우선 금전적 비용을 들여다보자. 직접적으로 수반하는 금전적 비용은 책을 쓰는 사람에 따라 전혀 다르다. 출판사에서 출판 시 책을 내는 계약조건을 구분하면 A, B, C로 세 부류가 있다. A형은 전문작가나 전문작가가 아니더라도 계약 시 계약금은 물론 일정한 인세를 받고 출판계약을 하는 경우이다. B형은 전문적인 프로 수준은 아니지만 책을 팔게 되면 출판사에게 손해를 끼칠 정도의 수준이 아닌 경우다. 이 케이스는 대개 선급 계약금은 없으며 팔리더라도 출판사의 기본수익이 보장될 일정 부수까지는(예를 들어 5천 부) 인세를 면제받거나 일정부수의 책으로 대신 지불하는 경우다. 따라서 서로 일정부수까지는 수반하는 금전적 거래는 없다.

문제는 C형의 자부담 형태다. 특히 책을 써보지 않은 사람들이 자서전을 낼 경우 여기에 해당된다. 더구나 열심히 나이 들 때까지 현업에서 뛰다가 이제 경제적 여유가 생기게 되면 한 권쯤의 책을 내고 싶은 경우는 주로 이러한 방식을 취하게 된다. 이러한 책을 본인이 쓰려면 상황에 따라 다르지만 글재주가 없기도 하고 막상 혼자의 힘으로는 불가능하기 때문에 제3자의 도움으로 출판을 할 수밖에 없게 된다. 이 경우에는 여러 가지 금전적 비용이 수반된다.

첫째, 전문작가를 동원해야 하고 글을 대신 써주는 대필이 필수다.

둘째, 출판사가 디자인비, 인쇄비, 직접인건비는 물론 출판에 따른 회사마진까지도 부담해야 한다. 따라서 사람에 따라 매우 큰 편차가 있지만 적게는 천만 원에서 3천만 원 정도로 봐야 한다. 이때 가장 큰 부담이 전문작가 대필비용이다. 구술한 것을 녹음하여 다시 딕테이션을 하고 이것으로 글을 만들어야 하는 시간과 비용이 문제인데, 앞으로 상세설명을 하겠지만 이러한 절차를 상당 부분 건너뛰거나 대폭 줄일 수 있다. 본인이 직접 스마트폰에 대고 말로 하면 스마트폰은 그 음성을 인식하여 바로 문자화시켜 글로 만들어주기 때문이다. 물론 뒤에서 상술하겠지만 PC에 마이크를 대고 말로 한다면 더욱 편하고 장시간 가능한 일이다.

클라우드 앱 기술을 활용하면 이러한 노력을 과감하게 줄이는 것 이외에도 자료 수집부터 교정에 이르기까지 광범위하게 적용해서 기회비용을 대폭 줄일 수 있다. 이 책 초고를 쓰는 데 걸린 시간은 믿기 어려울 정도로 짧다. 이 책은 바로 이러한 기술을 종합적으로 활용하여 완성한 최초의 책일 수도 있다. 아직은 서투르게 적용을 했지만 둘이 합쳐서 이 책을 기획을 하고 30일 만에 초고를 마치고 나오는 책이다.

정확한 산술적 계산은 어렵지만 아마도 과거 책 한 권을 기획하고 자료를 모아 독수리 타법으로 일일이 자판을 쳐서 책을 쓰고 원고를 보면서 교정을 여러 차례 했던 것과 비교해 본다면 1/3 미만으로 단축했다고 해도 과언이 아니다. 경비보다도 더욱 중요한 사실은 이러한 기술을 활용한다면 책을 전혀 써보지 않은 왕초보자들도 "나도 할 수 있다."는 자신감을 가질 수 있다는 게 더 큰 효과일지도 모른다.

앙케트 조사에서 나타난 놀라운 사실

이 책을 기획하면서 핸드폰에서 클라우드 기술 활용 현황조사를 실시했다. 조사 대상은 주로 저자들과 가까이 지내왔던 사람들, 책 글쓰기 포럼 회원들, 연구회원들, 피플스 그룹 회원들, 걷기 모임 회원들로서 약 1,000여 명에게 설문서를 보내어 그중 400여 명으로부터 답신을 받았다. 따라서 젊은 사람들도 많지만 연령대가 대체로 높은 편이며 일반인들을 대상으로 한 것이 아니기 때문에 조사결과가 다소 편향되어 있다고 할 수는 있다.

문제는 이 설문에 책 쓰기에 관한 관심을 알아보기 위해 책 쓰기에 관한 항목을 넣어 조사했을 때였다. 여기서 깜짝 놀라운 사실을 알아냈다. 그림 1-1에서 보는 바와 같이 내가 이 조사결과에 매우 놀랐던 것은 어떤 방식으로든 책을 1권 이상 낸 사람이 20%나 되었다는 사실이다. 여기에 책을 한 번도 낸 적이 없지만 앞으로 책을 내겠다고 답변한 사람이 13.5%나 된다는 사실이다. 이들을 합치면 33.6%로 3명 중 한 명이라는 이야기이다.

더구나 책을 써본 경험은 거의 없지만 책 쓰기에 관한 관심이나 희망은 젊은 사람들도 크게 차이가 나지 않는다는 사실이다. 흔히 책 쓰기를 하고 싶은 사람들은 직장생활이나 어느 정도 삶을 살아온 사람들이라고 생각했다.

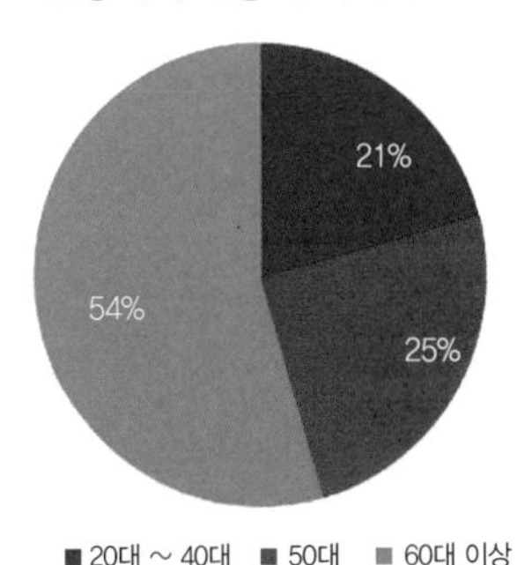

책을 낸 적이 있습니까?

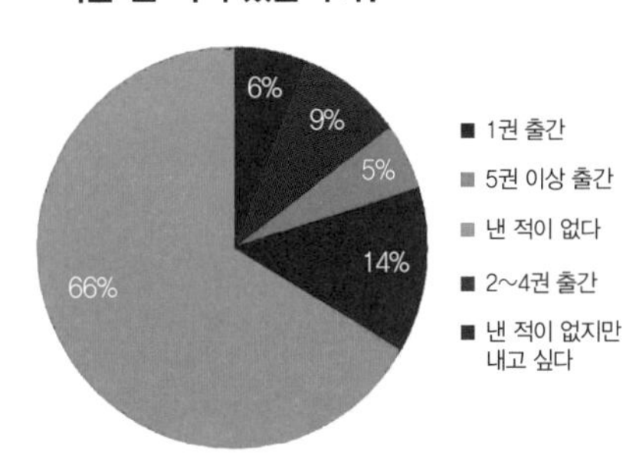

그림1-1: 핸드폰에서 클라우드 앱 활용 현황조사 결과

그동안의 쌓아온 경험과 노하우를 정리하거나 나름대로 살아온 삶을 책과 글로 정리하고자 하는 시니어들이 많기 때문이다. 실제로 서점에 가보면 상황은 아주 달라지고 있다. 젊은 사람들이 쓴 창업이나 기술에 대한 책들이 많고 책 쓰기 학원에도 젊은 사람들이 의외로 많다.

그리고 이 책자에서 소개하고자 하는 책 글쓰기에 관련하여 최신 기술들인 스마트폰 앱들을 대부분의 사람들이 잘 모르고 있다는 사실이다. 구글 드라이브, 구글 맵, 구글 번역기, 음성메모를 제외하고는 모두 70% 이상의 사람들이 그러한 앱 자체가 있다는 사실을 몰랐거나 앱을 알고는 있었지만 사용한 일이 없다고 답했다.

여기서 발견한 중요한 사실은 나이에 관계없이 일고 있는 책 쓰기 열망이 클라우드 앱을 활용하여 '왕초보인 나도 글과 책을 쓸 수 있다'는 자신감을 넣어주기만 한다면 젊은이들의 책 쓰기는 들불처럼 확산이 가능하다는 희망찬 생각을 해본다. 젊은 사람들은 클라우드 기술에 대한 습득이 빠르고 스마트 핸드폰에 대한 조작이나 활용이 시니어들과 비교가 되지 않을 정도로 빠르기 때문이다. 나는 이 책자를 통해서 이런 사람들에게 이제는 책을 낸다는 것이 예전에 비해서 정말로 쉬워졌다는 사실을 알려주고자 한다. 그리고 더 나아가 이제 꿈으로만 가지고 있었던 왕초보 당신도 책을 쓰는 일에 도전장을 과감히 던져보라고 강력하게 알려주고 싶다.

책을 쓰는 데 저자의 자격은 없다

"제가 감히 어떻게 책을 써요?"

"말도 안 돼요."

책을 쓰라고 권유하면 대부분 이런 반응을 보인다. 책을 쓰고 싶은 마음은 가져보았지만 구체적으로 고민해보지 않았기 때문이다. 나는 책은 누구나 쓸 수 있는데 방법을 모를 뿐이라고 생각한다. 감성과 창의가 필요한 문학적인 책이나 수필과 같은 경험을 다룬 책이 아니라면 실무서의 경우 책은 콘텐츠 50퍼센트와 기술 50퍼센트로 이루어진다. 사람들은 누구나 자신만이 가지고 있는 콘텐츠와 전하고 싶은 메시지가 있다. 그것이 암묵지로 자신의 머릿속에 남아 있다. 이것을 밖으로 꺼내는 것이 기술이다.

글을 쓰는 것과 책을 쓰는 것은 또한 다르다. 글을 썼다고 해서 반드시 책이 되지는 않는다. 책을 내는 작업은 바로 기술이 필요한 것이다. 이 기술은 익히면 된다. 기술은 익히면 자기 것이 되지만 배우지 않으면 영원히 자신과는 상관이 없게 된다. 나는 한 분야에서 10년 이상 종사한 전문가들은 모두가 책을 출간할 수 있는 자격을 갖추었다고 믿는다. '10년 법칙'이 있지 않은가. 말콤 글래드웰은 '1만 시간의 법칙'을 소개했다. 한 분야에서 집중적으로 하루에 세 시간씩 10년을 보내면 그 분야에서 세계적인 인물로 성장할 수 있다는 것이다. 전문가는 전문성을 가지고 일반인과 소통할 수 있어야 한다. 그래야 진정한 소통이 이루어진다. 일본에 주재할 때 직접 본 사실이지만 일본 사람들은 실무자들이 책을 많이 쓴다. 임원은 물론 간부들까지도 풍부한 실무 경험을 바탕으로 얼마든지 책을 쓸 수 있다.

최고경영자들은 두말할 필요도 없다. 회장들은 창업자다. 무無에서 유有를 창조했다. 그 과정에서 느낀 점이 얼마나 많을까? 하고 싶은 이야기는 얼마나 많을까? 책이란 하고 싶은 이야기를 세상을 향해 던지는 것이다. 나는 특히 기업체 경영자들에게 책을 왜 써야 되는지 이렇게 설득한다. 어렵다고 생각하면 한량없이 어려운 것이 세상만사이며, 쉽다고 마음만 먹으면 한없이 쉬운 것이 도전에 대한 자신감이다. 책 쓰기도 마찬가지다. 누구나 작가가 될 수 있다. 마음만 먹으면 누구나 쓸 수 있기 때문이다.

글을 읽으면 글을 써야 하고, 책을 읽으면 책을 써야 한다. 아직 글을 쓰지 못하고, 책을 쓰지 못한 것은 그 깨달음이 부족하고 시작을 하지 못해서이다. 누구나 책 쓰기에 도전하면 책을 쓸 수 있다. 전문가들이 책을 쓰는 것이 아니다. 책을 쓰면 전문가가 되는 것이다. 성공한 사람들이 책을 쓰는 것도 아니다. 책을 쓰면 성공하게 되는 것이다. 몽상가는 꿈을 꾸고 작가는 글을 쓴다. 몽상가는 꿈을 실현시키지 못한 한을 품는 사람이다. 오죽하면 꿈속에서 꿈을 꾸겠는가?

글쓰기를 꿈꾸고 글쓰기를 생각하는 것만으로는 글이 써지는 게 아니다. 최초의 한 문장을 쓰고, 또 한 문장을 보태는 것, 이것이 바로 글쓰기다. 한 문장이 모여서 문단이 되고, 문단이 쌓여서 글이 되고, 그것을 구성하여 쌓아 놓는 것이 책이다. 대부분 사람들은 글을 쓰고 싶고 좋은 글을 쓰고 싶은 꿈을 꾼다. 그러나 글을 쓰는 시스템, 즉 글이 책이 되는 방법과 그 과정을 모르기 때문에, 그리고 글쓰기는 재능이기 때문에 그 소질은 가지고 태어난다고 믿어버리고 아예 도전을 해보지 않는 것이다. 그 일련의 과정을 모르기 때문에 어렵게 생각하는 것이 글쓰기와 책 쓰기에 대한 일반적인 상식이다. 책을 쓰는 데 저자의 자격은 없다. “나도 작가다.”라고 크게 소리 지르고 난

다음 이 첫 문장을 쓴 당신은 이미 작가가 되었다.

"축하합니다. ○○ 작가님."

젊은이들까지도 책 쓰기에 열광하는 이유

나는 이 책을 쓰면서 새로운 사실을 발견했다. 최근 책 쓰기나 글쓰기를 가르치는 학원이나 모임이 우후죽순처럼 늘어나고 있다는 사실과 또 하나는 앙케트에서 밝혔듯이 여기에 젊은이들이 많다는 사실이다. 『생존 독서에서 생존 책 쓰기로 전환하라』 저자 김태광 씨는 네이버 카페에서 더 나은 인생을 꿈꾸거나 책을 쓰고 싶지만 책 쓰는 방법을 모르는 사람들을 위해 '한책협'을 운영하고 있다. 이곳에는 교사, 교수, 의사, 회계사, 변호사, 회사원, 영어 강사, 요리사 등 다양한 직업을 가진 사람들이 저자에게 책 쓰기 노하우를 배우고 있다. 저자는 이들 가운데 수백 명을 작가와 강연가, 코치, 컨설턴트로 배출했다. 그런데 여기에 젊은 사람들이 상당히 많다는 사실이다.

책 쓰기 개인 코칭을 받는 사람들은 준비된 사람들의 경우 최단기간에 작가가 되기도 한다. 38세에 200여 권의 책을 펴낸 그의 노하우로 코칭 받는 이들은 책의 주제, 콘셉트 설정, 목차 구성, 원고 집필, 사례 찾기, 원고 첨삭, 출판사 계약까지 세세하게 알게 된다.

그의 신간 『이젠 책 쓰기가 답이다』에서도 '1인 창업가로 100세까지 평생 현역으로 사는 법'이라는 부제에 끌려 이 책을 읽은 많은 직장인들은 돌직구로 날리는 그의 표현에 조금 당황할 수도 있다. 지금 당신이 회사에 헌신하면서 월급을 받고 있지만, 언젠가 회사가 당신에게 철퇴를 내려칠 때를 위한 만반의 준비를 해야 한다는 것이다. 회사로부터 뒤통수를 맞은 뒤 아무리 "이럴 수 있느냐!"라며 화내고 따져봐야 당신의 마음만 찢어질 뿐이다. 미리 미리 준비해야 한다. 회사가 나가달라고 할 때 멋있게 "그래, 알았다. 안 그래도 나가려고 했다. 잘 지내라, 안녕!"이라며 먼저 인사할 수 있어야 한다고 힘주어 강조한다.

이처럼 평범한 사람일수록 직장생활을 하는 지금 은퇴준비를 철저하게 젊어서부터 해야 한다. 그렇다면 어떻게? 대답은 간단하다. 지금 자신이 하고 있는 일, 좋아하는 일이나 잘하는 일, 취미에 대해 책을 써야 한다는 것이다. 책을 출간하는 순간 그 분야에서 전문가로 인정받게 되어 자연스레 칼럼 기고와 강연 활동으로 이어진다.

예를 들어보자 평범한 직장인에서 1인 기업가로 변신해 성공적인 인생을 살고 있는 사람들이 많다. 이들 중 공병호 경영연구소의 공병호 소장, 세계화전략 연구소의 이영권 소장, 아트스피치의 김미경 원장, 여러 가지 문제연구소의 김정운 소장 등을 꼽을 수 있다. 1인 기업가는 아니지만 그와 같은 브랜드 파워를 지닌 사람들도 많다. 『인문의 숲에서 경영을 만나다』의 저자 정진홍 씨, 『아프니까 청춘이다』의 저자 김난도 교수, 『리딩으로 리딩하라』의 저자 이지성 씨 등이다. 이들은 직장생활을 할 때보다 더 많은 수입과 명예는 물론 더욱 즐겁고 행복한, 가치 있는 인생을 살아간다.

저자들은 "은퇴 롤 모델을 설정할 바에는 이왕이면 앞에서 언급한 잘나가는 1인 기업가, 브랜드 파워를 지닌 작가를 설정하라."고 조언한다. 지극히 평범한 직장인들이 '인생 2막'을 당당하게 평생 현역으로 살기 위해선 책을 쓰고 칼럼을 기고하고, 강연과 컨설팅을 하는 방법도 있다. 크게 자본을 투자하지 않고 노력과 도전만으로 자신이 가진 지식과 경험, 노하우를 삶의 새로운 방식으로 바꾸고 수입으로 창출할 수 있기 때문이다.

노마지지老馬之智의 지혜를 책과 글로 남겨야

'100세 시대'가 코앞으로 다가오고 있지만 은퇴시점을 보면 인생의 후반전이 고스란히 남은 셈이다. 그런데 이러한 엄청난 지혜가 제대로 활용되지 못하고 있는 현실이 매우 안타깝다.

춘추시대 제나라 환공 때의 일이다. 어느 해 봄, 환공은 관포지교管鮑之交의 주인공인 명재상 관중과 대부 습붕濕朋을 대동하고 고죽孤竹국을 정벌하였다. 그런데 전쟁이 의외로 길어지는 바람에 그해 겨울에야 끝이 났다. 그래서 혹한 속에 지름길을 찾아 귀국하다가 길을 잃고 말았다.

전군이 진퇴양난에 빠져 떨고 있을 때 관중이 말하였다. "이런 때 늙은 말의 지혜가 필요하다." 즉시 늙은 말 한 마리를 풀어 놓았다. 그리고 전군이 그 뒤를 따라 행군한 지 얼마 안 되어 큰 길이 나타났다.

또 한 번은 산길을 행군하다가 식수가 떨어져 전군이 갈증에 시달렸다. 그러자 이번에는 습붕이 말하였다. "개미란 원래 여름엔 산 북쪽에 집을 짓지만 겨울엔 산 남쪽 양지 바른 곳에 집을 짓고 산다. 흙이 한 치쯤 쌓인 개미집이 있으면 그 땅 속 일곱 자쯤 되는 곳에 물이 있는 법이다." 군사들이 산을 뒤져 개미집을 찾은 다음 그곳을 파 내려가자 과연 샘물이 솟아났다. 군사들은 그 물을 마시며 환호성을 올렸다.

이 이야기에 '한비자'에서는 이렇게 쓰고 있다. "관중의 총명과 습붕의 지혜로도 모르는 것은 늙은 말과 개미를 스승으로 삼아 배웠다. 그러나 그것을 수치로 여기지 않았다. 그런데 오늘날 사람들은 자신이 어리석음에도 성현의 지혜를 스승으로 삼아 배우려 하지 않는다. 이것은 잘못된 일이 아닌가?"

노마지지란 여기서 나온 말인데, 아무리 하찮은 것일지라도 저마다 장기나 장점을 지니고 있음을 이르는 말로 쓰이기도 하지만 '경험을 쌓은 사람이 갖춘 지혜'란 뜻으로 사용된다.

통계에 따르면 2016년 65세 이상 인구는 650만 명으로 인구 대비 13.2%를 차지하고 있어 고령사회 진입을 코앞에 두고 있다. 여기에 우리나라 평균수명은 80세를 넘어가는데 직장인 평균 은퇴연령이 53세에 불과한 것을 볼 때 은퇴 후에도 30년 이상 산다는 의미다. 더구나 7백만 명에 이르는 베이비부머(55~63년생) 세대의 본격적인 은퇴가 시작되면서 가속화되는 고령화, 저출산과 은퇴인력 증가는 정말 심각하다.

문제는 이런 경험을 가진 분들이 회사를 그만두는 것과 동시에 사회에서도 역할을 빼앗긴 채 할 일이 없다는 것이다. 전쟁을 겪고, 매서운 가난과 배고픔을 이겨내며 나라를 일으킨 경제 발전의 주역, 이 수많은 은퇴인력이 가진 기술과 경험, 지식과 지혜가 사장되는 것이 매우 아깝고 안타깝다.

정부와 기업 등이 중장년 인력활용을 위해 여러 시도를 하고 있지만, 점점 늘어날 베이비붐 전후 세대의 은퇴인력에 대비해 보다 공격적인 해결 방법을 찾고, 은퇴자들도 스스로 무엇을 위해 남은 생을 살 것인지 고민해야 한다. 이들의 기술과 전문성, 그리고 살아온 지혜가 글과 책으로 남겨 후손들에게 물려주어야 하지 않을까.

글쓰기와 책의 무한한 힘

파리의 미라보 다리에서 "저는 날 때부터 장님입니다."라는 팻말을 목에 걸고 구걸하는 걸인이 있었다. 그 걸인을 본 시인 '로제 카이유'는 팻말에 써 있는 글을 다른 글로 바꾸어 주었다. 그리고 얼마 후 다시 걸인을 만났다. 걸인은 반색하면서 이렇게 말했다.

"선생님이 글을 바꾸어 주신 후 하루 10프랑이던 수입이 50프랑이나 올랐습니다. 그 연유가 무엇이지요?" 카이유가 대답했다.

"예, '곧 봄이 온다고 해도 저는 그 봄을 볼 수가 없습니다.'라고 바꾸었을 뿐입니다."

이처럼 한 줄의 글이 자신의 행동을 변화시키고, 세상을 바꿀 수도 있다. 말과 글 중에 어느 쪽 힘이 더 셀까? 생각하기 나름이겠지만 분명 글보다 말이 더 많은 세상인 것 같다. 그래서 혹자는 '말세'라고 농담 삼아 이야기하기도 한다. 법정스님은 평생 동안 무소유를 세상에 남기고 입적하셨지만, 종교와 사상을 초월하여 온 국민들이 스님의 정신과 사상을 계속 이어 받을 수 있도록 하게 하는 것은 평생 말씀으로 남기신 어록이나 대화도 있지만 무엇보다도 『무소유』를 비롯하여 30여 권이 넘는 책의 힘이 아닌가 생각한다.

특히 '아름다운 마무리'라는 글을 통해 무소유를 남기고 가신 뒤에도 마음의 한 구석을 풍요롭게 해주고 있다. 설령 출판된 책들의 절판을 유언으로 남기셨다 하더라도 한 번 글과 책으로 남겨진 스님의 사상과 가르침은 아무리 세월이 흐르더라도 영원하게 남게 된다.

글은 종이 위의 잉크 자국이 아니다. 글은 생각이요, 사상이요, 영향력이요, 역사요, 힘이 된다. 말로써도 자신의 생각과 사상을 전할 수 있지만 지속적 영향력에서 글이나 책을 따를 수 없다.

이러한 예가 바로 이순신 장군의 '난중일기'다. 난중일기는 충무공 이순신이 임진왜란이 일어난 해부터 시작하여 전쟁이 끝나는 순간을 앞에 두고 노량해전에서 전사하기까지 7년간의 일을 기록한 일기이다. 전쟁 전의 상황과, 임진왜란 당시의 전황을 알 수 있는 객관적 사료로서의 가치도 있지만, 국가의 제삿날에도 업무에 임하는 열정과, 진지와 병영관리에 태만하거나 소홀한 부하관리를 문책·처벌하는 엄중함은 물론, 개인적인 고뇌와 번민, 친지들과 관련한 내용까지도 상세히 기록되어 있다. 당대에는 이순신 장군 외에도 권률, 원균 같은 장수가 더 있었다. 그러나 기록을 남기지 않은 두 분은 그저 유명한 장수로만 남아 있을 뿐이다. 기록이 없다 보니 일부는 역사학자들에 의해 오해와 왜곡된 해석까지도 내놓게 되어 때로는 잘못된 평가를 받기도 한다.

이처럼 글과 책의 힘은 참으로 대단하다. 필자의 경우도 대기업을 나와 컨설팅과 교육을 하고 있지만 강의 전체의 70~80%가 과거 20여 권의 졸저나 신문, 잡지에 기고한 글을 보고 연락이 오는 경우다. 특히 컨설팅의 경우도 책을 읽어보고 오는 경우가 반 이상을 점하고 있다. 책이나 글을 통해 소통이 되다 보니 별다른 마케팅 기능이 없이도 지금의 일을 해낼 수 있었다고 생각된다.

그 나라 문화수준을 알아보려면 서점을 가보면 알 수 있다는 말이 있다. 선진국에는 책이나 글을 쓰는 사람이 많고, 책을 읽는 사람도 많은 게 사실이다. 연애편지 써본 게 글쓰기의 전부인 필자의 경험을 비추어 볼 때 글을 쓰고 책을 쓴다는 것은 꼭 전문가의 영역만은 아닌 것 같다.

누구나 지속적인 노력과 열정만 있다면 가능한 일이다. 어느 누구든지 살아온 길을 되돌아보면 몇 권의 책을 쓸 수 있는 소재를 가지고 있다. 평생에 단 한 권의 책이라도 써서 세상에 기록으로 남긴다면, 먼 훗날까지 자신의 살아온 경험과 역사를 세상에 남길 수 있다. 글을 쓰고 책을 쓴다는 대단한 힘에 한번 도전장을 내보는 것은 어떨까?

왕초보 시니어, 나도 저자가 될 수 있다

핸드폰으로 책을 쓸 수 있게 되어 시니어들의 고민인 시력과 기억력도 없어지는 것을 극복할 수 있다면 얼마나 좋을까? 이제 이게 가능하다. 나는 5년 전 환갑 나이가 지나면서 이러한 어려움을 직접 겪고 있는 사람 중 하나다. 노안은 돋보기를 쓰면 된다지만 난시까지 겹치다 보니 30분 정도만 책을 읽으면 눈물이 나오고 머리가 어지러워지고 컴퓨터 작업은 그야말로 큰 고역이 아닐 수 없다. 여기에 소개되는 기술들을 활용하면 이를 상당 부분 대체하고 해방될 수 있다. 실제로 이 책을 완성하는 데 기술을 적용하여 컴퓨터 작업의 경우 1/3로 줄인 것 같다.

오늘도 우리는 '늙음'에 맞서 싸운다. 과학기술의 발달로 '늙음'을 정복할 수 있다는 희망이 커지면서 '나이가 든다는 것'은 더욱 부정적이고 불쾌한 것으로 여겨지고 있다. 정말 '나이가 든다는 것'은 나쁘기만 한 것일까? 독일의 유명한 대중 철학자 빌헬름 슈미트는 '나이 듦'에 대한 이런 부정적이기만 한 해석에 이견을 제시하며, '나이 듦'의 진정한 의미에 주목한다.

그에 의하면, '늙는다는 것'은 각종 능력이 쇠하고 외형적으로도 볼품없어지는 것을 의미하지만, '나이 들어간다는 것'은 다른 생명의 성장을 돕고 경험을 이어 전달하며 인생의 또 다른 가능성을 만들어가는 것을 의미한다.

나이가 들면 어디 신체적인 변화뿐이겠는가. 스마트폰 일정에 메모해 놓지 않으면 출장과 약속이 겹친다. 등산 가기로 한 날에 골프 약속도 해버려 산으로 가야 할지, 들로 가야 할지 곤란한 일이 생긴다. 변변찮은 기억력을 믿고 있기에는 한참 전부터 무리이다. 사람 이름은 왜 그리도 생각이 나질 않을까? 얼굴 생김새는 훤히 떠오르는데 이름은 도무지 감감이다. 그래도 끝까지 생각해 내어야 치매 예방에 좋다고는 하는데 마음 같지 않다. 아침 출근길에 나왔다가 다시 현관문을 여는 건 이제는 흔한 일상이라고 봐야 한다. 오히려 마음이 아픈 건, 내 자신 스스로가 새로움과 변화에 대한 거부감이 점점 커져 간다는 걸 느낄 때다.

'나이가 들면서 눈이 침침한 것은 필요 없는 작은 것은 보지 말고 필요한 것만 보라는 것이며, 귀가 잘 안 들리는 것은 필요 없는 작은 말은 듣지 말고 필요한 큰 말만 들으라는 것이고, 머리가 하얗게 세는 것은, 멀리 있어도 나이 든 어른을 알아보게 하기 위한 하나님의 배려다.' 참으로 듣기 좋은 말이다. 바람처럼 다가오는 시간을 선물처럼 받아들이면 된다는 이야기다. 이제 핸드폰을 활용해서 글을 쓰고 책을 읽고 책을 쓸 수 있다면 이러한 듣기 좋은 말처럼 나이가 들어서도 글 쓰고 책 쓰는 어려움을 상당히 극복할 수 있다.

책은 머리가 아니라 자료로 쓴다

아프리카 소말리아의 속담에 "노인 한 사람이 죽으면 도서관이 하나 사라진다."는 말이 있다고 한다. 이 말은 아프리카 작가 아마두 앙파데바가 유네스코 연설에서 한 말로 더욱 유명해졌다.

이는 한 사람의 삶이 축적해온 지혜와 콘텐츠의 무궁함과 소중함을 강조한 뜻이다. 한 사람의 인생 속에서는 지식이나 지혜, 숙련된 근로(업무 · 기술) 노하우, 축적된 경험이나 전문성 내지 정보들, 사물·사건·현상 등에 대해 수집하거나 연구해 온 결과물, 개인이 겪은 역사적 사건 등 가치를 따질 수 없는 스토리가 있고 콘텐츠가 있다. 초보자와 기성 저자의 차이점은 무엇일까? 초보 저자는 머리와 생각에 따라 원고를 쓰지만 기성 저자는 자신이 가지고 있는 콘텐츠를 활용하여 그날 써야 할 분량의 원고를 마친다. 주부, 학생, 직장인 초보 저자들로부터 종종 이런 푸념을 많이 듣는다.

"사실 해보려고 해도 쓸 거리가 별로 없어 고민이에요."

"그렇다고 내 생각만 쓰기도 그렇고 다른 작가들의 책을 읽어보면 다양한 콘텐츠들이 담겨 있어 희망을 주기도 하는데 막상 쓰려니 생각처럼 쉽지 않네요. 어떻게 하면 다양한 콘텐츠를 얻을 수 있을까요?"

사회 곳곳에는 특별한 근로경험이나 숙련된 업무지식(장인이나 명장 등), 정규 교육 과정을 통해 터득된 것이 아닌 독학이나 자발적인 관심과 노력으로 쌓아온 전문적 역량이나 특별한 사연 등을 보유하고 있는 분들이 적지 않다. 앞에서 이야기한 대로 베이비부머 세대의 은퇴가 시작되면서 가속화되는 고령화, 은퇴인력 증가는 정말 심각하다. 이 분들이 가진 각양각색의 콘텐츠들을 '저술' 등의 기록과정이나 보존 작업 등을 통하여 사회적 자산으로 공유되거나 후대에 전승될 수 있도록 하는 것이 필요하다.

그리고 명문대 학벌이나 석·박사 학위 또는 변호사 등 전문자격증이나 선망 받는 사회적 지위가 아니더라도 학술연구 역량이 있기만 하면 누구든지 자신만의 열정이나 능력, 감각, 아이디어가 있는 관심분야나 사물 등에 대하여 저술과 연구 활동을 진행할 수 있는 기회가 부여되는 문화를 조성해 나갈 필요가 있는 것이다.

요컨대, 개인의 저술과 학술 활동의 계기와 기회를 적극 장려함으로써 사회 곳곳에 잠재되어 있는 선구자들이나 명장 등이 새롭게 발굴되고 소중한 지식과 가치 등이 더욱 적극적으로 창안·창출되고 조명을 받아 유의미한 사회적 자산·부가가치 자원으로 활용되거나 확산·공유되게 하는 등 진정한 창조경제와 문화융성을 기하고, 기록·자료·문헌 등으로 후대에 계승되도록 하여야 할 것이다.

또한 사소한 것조차도 메모하고 기록으로 남겨두는 해외 여러 나라의 기록문화 사례를 참고하고, 근대화 과정에서 훼손되고 실종된 우리나라 전통적 기록중시 문화를 회복하여야 할 것이다.

아울러 우리 사회 구성원들의 지식과 사상, 경험, 이야기 및 콘텐츠의 다양성을 극대화하고, 문헌과 기록을 중시하는 문화를 복원하는 한편, 대중 중심의 지식사회로 지향해 감으로써 소수 지식인 내지 학벌 중심 사회의 폐해를 다소나마 완화하고, 국민의 일상적인 삶과 현장 속에서도 인문적 감성과 통찰이 흐르는 인문부국으로 발전되도록 만들기 위한 제도적 토대를 마련할 필요가 있다. 이게 선진화의 중요한 에너지가 될 것이기 때문이다.

Making Book
for Smart Phone

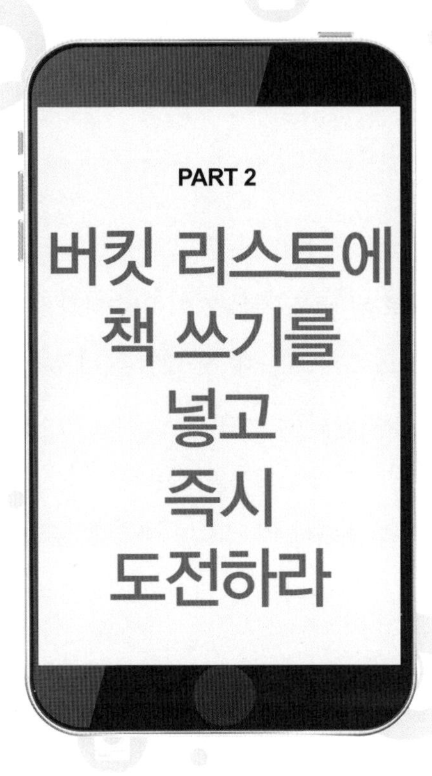
PART 2
버킷 리스트에
책 쓰기를
넣고
즉시
도전하라

"제가 글쓰기에 소질이 없어서……."

"저는 한 번도 제대로 된 글을 써본 적이 없습니다."

그럴 때마다 기계적으로 나오는 내 첫 대답은 바로 이것이다.

"글쓰기와 책 쓰기는 다릅니다. 글이 아닌 책을 쓰시면 됩니다."

나도 사람들을 만나면 늘 책 쓰기를 권유하는데, 처음에는 예외 없이 누구나 손사래를 치며 책 쓰기에 부정적인 반응을 보였다. 이런 사람들에게 "책 쓰기는 타고난 소질이 아니라 콘텐츠이고 기술이다!"라고 말하면 깜짝 놀란다.

"제가 그 기술을 가르쳐 드릴게요."라며 접근하다 보면 우선 안도감을 갖기 시작하고 "그렇다면 나도 책 쓰기가 가능하단 말이네!"라고 생각하기 시작했다. 그래서 CEO, 전문가, 직장인 등에게 책 쓰기를 권유했고, 실제로 많은 사람들이 나의 권유로 책 쓰기에 도전해서 책을 출간했다. 내가 그간 20여 권의 책을 쓰면서 주위에 책 쓰기를 권하여 10여 명이 책을 냈는데 앞으로도 이러한 활동은 계속 할 예정이다. 그러나 그들 역시 처음에는 한결같이 내가 어떻게 책을 쓸 수 있느냐며 태산같이 걱정을 했던 사람들이다.

100세 시대를 살아가는 지혜는 책 쓰기다

10여 년 전 연구회에서 잘 알고 지내던 교수 한 분이 직접 쓴『경제수명 2050시대』이라는 책을 보내왔다. 50대에 창업을 하여 과거의 경험과 전문성을 살려 새로운 제2인생의 길을 선택한 필자의 이야기가 그 책에 소개되어 있으니 한번 읽어보라는 뜻으로 보내온 것이었다.

5권 세트로 나온 이 책은 어떻게 하면 '경제수명'을 늘릴 수 있을까에 대한 이 분야 전문가들의 체험적 연구서였는데 '2050'은 20대부터 50년을 일해야 한다는 의미도 되고, 50대도 추가로 20년을 더 일해야 한다는 의미도 있었다. 즉 경제수명을 50년은 유지해야만 고령화 시대에 대응할 수 있다는 것이 책의 요지였다.

10년이 지난 지금, 이제는 '경제수명 2060' 시대가 절실하게 되었다. 20살에서 60세까지만 일한다가 아니라, 80세까지 60년 동안 일하지 않으면 안 된다는 의미다. 나이 들어서도 직업이 있거나 안정적인 수입원을 가질 수 있다면 고령화 사회를 겁낼 필요가 없다. 겁을 먹게 되는 것은 고령화가 진행되는 한편으로, 평균적 퇴직 연령의 급격한 감소가 이뤄지고 있지만 은퇴 후 30년이 기다리고 있기 때문이다. 90세, 100세를 사는데 50대 퇴직도 보장하기 어렵다면 남은 인생을 어떻게 살 수 있을까? 책 쓰기, 글쓰기가 답이 될 수 있다. 책 글쓰기는 평생 현역이기 때문이다.

책 글쓰기로 2060을 몸소 실천하는 분 중에 이상헌 선생님이 있다. 금년 80세 되었는데도 열정적으로 일하시며 100살까지 일하시겠다고 늘 말한다. 지금까지 무려 140여 권의 책을 썼는데 지금도 일 년에 책을 서너 권을 쓰고 있고, 일주일에 2~3회 강연과 신문 잡지사에 칼럼 쓰기는 물론 1주일에 한 번씩 행복에 대한 메시지를 지인들에게 직접 보낼 정도로 왕성하게 활동하시는 분이다.

한번은 선생님을 찾아뵈었더니 『100살이다 왜!』라는 책을 선물로 주셨다. 보통 회사원으로 근무하고 있는 후쿠이 후쿠타로福井福太郎 씨가 쓴 자서전이다. 실제로 저자는 1912년생 105세다. 증권사 임원으로 은퇴했지만 더 일하고 싶어서 70세에 직원 3명이 일하는 도쿄 복권상회에 입사한 현역 회사원이다. 아침마다 전철로 1시간 거리에 있는 일터로 출근해 복권 분류와 배달, 회계 업무를 맡아 지금까지 30년째 일하고 있다.

근무 시간은 9시부터 2시. 96세 되던 해에 회사에 폐가 될까 우려해 회사에 사표를 냈지만 계속 남아서 일해 달라는 회사 경영진의 간곡한 만류로 지금까지 일하고 있다고 한다.

100세가 넘어서도 계속 일을 하는 이유는 딱히 없다. "건강에 이상이 없는 한 인간은 계속 일을 해야 한다."는 게 그의 주장이요, "그 일이 대단한 일이건 그렇지 않건 돈을 많이 벌건 적게 벌건 자기가 먹을 양식을 스스로 마련할 수 있다면 그 자체로 멋진 직업"이라는 것이다.

일본은 65세 이상 노인들이 이미 23%를 넘었고, 지금 100세 이상의 고령자가 6만 명을 넘는 세계 최고령 국가다. 그래서 그런지 100세 이상 일하는 현역분들이 의외로 많다.

『나이를 거꾸로 먹는 건강법』의 저자 히노하라 시게아키日野原重明 박사는 금년 106세(1911년생)로 현역 명예병원장이다. 그가 100살이 되던 6년 전 지금도 85세에도 불구하고 젊음을 유지하며 왕성한 사업을 키워나가고 있는 이길녀 가천대 총창의 초청으로 대학에서 강의를 하러 한국을 다녀갔다. 그는 '어떤 일도 생각하기 나름, 늙는다는 것은 쇠약해지는 것이 아니라 성숙해지는 것이다.'라고 했다. 그는 "진정한 늙음과 젊음은 마음에 있다."고 말한다.

후반전을 준비하고 고령화 사회를 준비하는 진정한 노老테크는 개개인들이 전문성을 가지고 칠십을 넘어 팔십까지도 크든 작든 할 일이 있어야만 일하는 즐거움과 사람들과의 만남을 통해서 건강하게 삶을 유지할 수 있는 필수조건이다.

'100세 시대에는 SKY대학보다 평생대학이 낫다'고 한다. 누구나 나이에 관계없이 용기를 내어 평생학교에 입학하라. 그것도 책 쓰기 학교 글쓰기 학과라면 더욱 좋다. 돈이나 부만을 가진 노테크는 자칫하면 '노No 테크'로 전락할 위험성이 존재한다. 노후준비의 골든타임은 따로 없다. 바로 지금이다.

액티브 시니어들 책 글쓰기로 제2 인생을 멋지게

"이 나이에 내가 뭘?"

"나이가 들어 이제 할 수 있는 게 아무것도 없어……."

직장을 퇴직한 시니어들의 하소연이다. 내 주위를 봐도 7~80%가 하는 일이 없이 그저 하루하루를 소일하는 사람들이 대부분이다. 그런 가운데 남달리 살아가는 사람들도 의외로 많이 있다. 바로 액티브 시니어들이다. 액티브 시니어란? 은퇴 이후에도 하고 싶은 일을 능동적으로 찾아 도전하는 50~60대를 일컫는 말로, 적극적으로 소비하고 문화 활동에 나선다는 점에서 '실버 세대'와 구분된다. 이들은 외모와 건강관리에 관심이 많고 여가 및 사회 활동에도 적극적으로 참여한다. 액티브 시니어의 가장 큰 특징은 소비다. 이들은 넉넉한 자산과 소득을 바탕으로 이전 노년층과 달리 자신에 대한 투자를 아끼지 않는다.

삼성경제연구소는 액티브 시니어가 본격적으로 실버층으로 진입하는 2020년에는 이들의 소비 시장이 약 125조 원에 달할 것으로 예측했다. 정년이라는 말이 무색할 정도로 65세 이후에도 여전히 자신의 지식과 경험을 살려 일하는 노인들이 늘고 있다. 생계를 위한 취업이라는 분석도 있지만, 65세 이후에도 의욕적으로 활동하는 세대임을 입증한다고 하겠다.

이 새로운 액티브 시니어 세대는 아마도 '나이 먹음' 혹은 '늙음'의 일반적인 상식을 깨거나 뒤집는 당당한 세대가 될 것이다. 액티브 시니어가 유통산업의 큰손으로 떠오르자 이들을 겨냥한 이른바 '액티브 시니어 마케팅'도 치열하게 벌어지고 있다.

이러한 시니어들이 왕성한 에너지로 책을 쓰고 글을 쓴다면 얼마나 좋겠는가? 책과 글을 써서 젊음을 유지하고 이를 토대로 더욱 적극적인 경제활동을 할 수 있는 징검다리 역할을 얼마든지 할 수 있기 때문이다.

나는 원래 책을 평생 10권을 목표로 하여 25년 전 첫 번째 작품인『한국형 팀제』를 냈다. 그런데 환갑이 되던 해 환갑기념으로 열 번째 책인『셈본 인생경영』을 내어 목표를 초과달성 했다. 그런데 욕심이 났다. 피터 드러커처럼 환갑이 넘어 추가로 20권을 늘려 잡아 30권이 목표다. 그러다 보니 공부해야 하고 강의도 해야 하고 컨설팅과 코칭까지 해야 하니 주말에도 늘 바쁘다. 할 일 없이 지내는 친구들에 비한다면 얼마나 큰 행운인가?

고령화 사회에 접어든 우리나라에도 시니어들을 위한 잡지가 많이 생겨나고 있다. 그중 2년 전에 시작한 브라보 마이 라이프는 단연 앞서가는 잡지다. 그중에서도 전문가가 아닌 아마추어 기자단을 통해 차별화를 하고 있다. 1기는 2016년 4월 서류 심사를 거쳐 선발된 48명의 동년기자가 선발되어 글쓰기로 활발한 활동을 펼쳤다. 2기 동년기자들은 2017년 4월 출발하였는데 나도 여기에 선발되었다. 1942년생부터 1966년생까지, 평균 나이 61세로 1기 동년기자단보다 연령대가 높았는데, 이들은 가정주부, 수필가, 사진작가, 대학교수, CEO 등 다양한 분야의 전문가로 구성됐다.

브라보 마이라이프는 2060을 위한 시니어들의 글쓰기 등용문으로 유료 발행부수 1만 2천 권에 달하는 매력덩어리 잡지로 자리매김하면서 대한민국의 모든 시니어의 행복한 벗이 되고 있다.

액티브 시니어들 파이팅!

책과 글을 쓰면 왜 좋을까?

책과 글쓰기는 나비효과가 있다

"책을 쓰는 데 있어서 좋은 점은 깨어 있으면서도 꿈을 꿀 수 있다는 것입니다. 책을 쓸 때는 깨어 있기 때문에 시간, 길이, 모든 것을 결정할 수가 있습니다. 오전에 네 시간이나 다섯 시간을 쓰고 나서 때가 되면 그만 씁니다. 다음 날 계속할 수 있으니까요. 진짜 꿈이라면 그렇게 할 수 없지요."

일본의 유명작가 무라카미 하루키의 말이다. 그래서 책 쓰기는 평생 현역으로 사는 방법 중의 하나다. 정년도 없다. 물론 자기가 그만두지 않는 한 해고도 없는 평생 직업이다.

나비효과butterfly effect라는 말이 있다. 이 말은 기상학자 로렌츠가 한 말인데 북경에서 나비가 펄럭이면 뉴욕에 허리케인이 발생한다는 이론이다. 한쪽 나비의 작은 날갯짓이 지구 반대편에서 큰 태풍을 일으키는 원인이 될 수 있다는 것이다. 이와 같이 '책 쓰기'라는 작은 날갯짓이 부와 명성과 성공을 가져다줄 수 있다.

최근 들어 부쩍 '책 쓰기'에 대한 책이 서점에 쏟아져 나오고 있다. 그만큼 책을 쓴다는 것이 이제는 소위 전문가들만의 전유물은 아닌 듯하다. 책 쓰기에 대한 인식이 변했다고 해야 될까? 원한다면 누구나 책을 쓸 수 있는 시대가 되었다. 그렇다고 누구나 다 책을 쓸 수 있는 건 또 아니다. 한 권의 책을 쓴다는 것은 그 분야에 대한 지식을 갖추고 있어야 되기 때문이다. 결국 전문가가 된다. 즉, 다시 말해 전문가가 책을 쓰는 것이 아니라 책을 쓰는 사람이 전문가가 되는 것이다. 요즘은 책을 쓴다는 형태만 다를 뿐이지 글을 쓰는 사람들은 많다. 카페, 블로그, 페이스북, 트위터, 인스타그램 등등 각종 SNS 채널을 통해서 자신의 이야기를 기록한다. 그렇게 쓴 글이 책으로 출간되기도 한다. 내 이야기가 책이 되는 그런 시대다.

사람들이 책을 쓰는 이유는 여러 가지다. 이제는 유명한 베스트셀러 작가인 김병완 작가 또한 그렇다. 평범한 회사원이었던 그가 돌연 사표를 던지고 도서관에서 책 읽기에 몰입한 지 3년 만에 무려 2년간 45권의 책을 펴낸 신들린 작가가 되었다. 그 외에도 많은 이들이 책을 읽고 책을 씀으로 인해서 삶의 변화를 경험한 사례들이 수없이 많다. 책을 쓴다는 건 여전히 누구에게나 어려운 일처럼 느껴지기 마련이다. 누구나 커다란 성공 앞에는 수없이 많은 실패와 좌절이 있었다. 책을 꾸준히 읽고 글 쓰는 연습을 계속한다면 언젠가는 나만의 책을 쓰는 날이 오게 된다.

그가 말하는 책 쓰기의 나비효과는 9가지이다.

1. 자신의 재능이나 노하우를 체계화하고 전문화할 수 있다.
2. 무한한 꿈을 꿀 수 있기 때문에 삶의 열정이 생겨난다.
3. 자기도 모르는 사이에 자신의 잠재 능력이 개발된다.
4. 남들과는 다른 자기주도적 삶을 살게 된다.
5. 나를 보는 타인의 시선이 달라지고, 어디 가서 말발도 선다.
6. 책으로 출간되어 성공하면, 하루아침에 사회적 지위와 삶의 위상이 바

뀐다.

7. 경제적으로 인세와 강의료, 방송 출연료 등을 동시에 노릴 수 있다.
8. 또 다른 파생사업을 일으킬 수 있다.
9. 세상에 공헌한다는 의미 있는 삶을 누린다.

나 역시 많이 공감하는 부분이고, 아마도 많은 이들이 글쓰기에 도전해 보는 이유들일 것이다. 더구나 책 쓰기는 최고의 자기계발이다. 학생, 주부, 직장인들이 보다 나은 미래를 만들기 위해 내 이름으로 된 책을 쓰기 위해 노력하고 있다. 그들이 책을 쓰는 이유는, 독자로서의 인생은 달라지지 않지만 저자가 되면 인생이 달라진다는 것을 잘 알고 있기 때문이다. 당신은 분명히 지금보다 더 나은 인생, 눈부신 인생을 갈망하고 있을 것이다. 그렇다면 지금부터 그런 인생을 만들기 위한 초석을 다져야 한다. 그 초석을 다지는 일은 책 쓰기에서 비롯된다. 세상이 나를 알아줄 때 여러 가지 기회들이 찾아올 것이기 때문이다.

우리는 한 권의 책을 쓰고, 그 책이 분신으로 일할 수 있는 시스템을 단단하게 구축해야 한다. 또한 책을 계속 출간해 지속적으로 영향력을 늘려나가야 한다. 앞에서 언급한 기업가형 성공사례에서 보았듯이 글쓰기, 강연, 세미나, 상담, 경영 컨설팅, 온라인 마케팅 활동을 통해 돈을 버는 사람들이 늘어나고 있다.

나도 역시 마찬가지 경우다. 나는 현재 20여 년 동안 책과 글을 쓰는 것을 통해 지금까지 왕성한 활동을 해왔으며, 앞으로도 2060에서 밝힌 대로 나이 80까지 계속하려고 하고 있다. 실제로 내가 책 글쓰기를 통해 대기업을 나와 20여 년간 지금까지 누려왔던 혜택을 다시 한 번 정리해보면 다음과 같다.

집필 – 책 계약금, 인세, 칼럼 기고료, 저작권료

강연 – 저자 초청 특강, 외부 강연료, 프로그램 진행료, 워크숍 진행비

컨설팅 – 15년간 중견, 중소 기업중심의 컨설팅 100회사

개인코칭 – 전문가로서 임원, CEO 대상 시간당 측정된 컨설팅료

기타 – 작가 또는 저자로 활동으로 인한 대인관계가 확대되어 마케팅 효과

책을 써서 성공한 사람들

세계에서 가장 책을 많이 낸 사람은 누구일까? 소설가인 마리포크너다. 904권을 냈다. 독일의 빌헬름 분트라는 사람이 쓴 책의 총 분량은 53,735쪽으로 매년 500쪽짜리 책을 한 권씩 쓴다고 해도 백 년 이상이 걸리는 방대한 분량이라고 한다.

그렇다면 세계에서 제일 많이 팔린 책은 무엇일까? 성경이다. 1위가 성경인 이유는 전 세계에 20억 명 이상의 신자들이 있어 가능하고 또 한 사람이 한 권만 보유하는 게 아니라 여러 권을 사고 전에도 사고 지금도 사고 미래에도 살 것이기 때문이다. 2위는 모택동 어록으로 9억 권이 팔렸고 3위 반지의 제왕은 1억 권 이상 팔렸다.

우리나라에서 책을 많이 낸 사람은 다산 정약용이다. 네 살에 '천자문'을 익히고, 열 살도 되기 전 '삼미자집'이라는 시집을 냈으며 평생 500여 권의 책을 쓰고 2,500여 편의 시를 남긴 대문학가이자 저술자였다. 백성을 행복하게 만드는 데 평생을 바쳤던 정약용의 삶과 정신, 학문과 글은 영원한 가르침으로 우리 곁에 남아 있다.

책을 써서 위대한 업적을 남긴 사람들은 참으로 많다. 더구나 나이가 들어서도 책을 쓰면서 의미 있는 삶을 보내면서도 부러움을 사는 분들은 100세 고령화 시대에 더욱 중요한 의미를 갖게 되고 닮고 싶은 사람들이다.

김형석 교수가 부러운 이유

요즘 같은 100세 고령화 시대에 부러운 분을 꼽으라면 단연 김형석 교수님이다. 인생은 늙어 가는 것이 아니라 익어가는 것이라고 하지만 나이가 들면 힘든 인생이 될 수밖에 없다. 그렇지만 2016년에 저술한 『100년을 살아보니』의 97세 저자 김형석 교수님의 삶은 전연 다르다. 그는 이 책에서는 물론 각종 TV는 물론 도처에서 초청을 받아 왕성하게 강의를 하면서, "사랑이 있는 고생이 행복이었다. 행복하게 일할 수 있고 다른 사람들에게 도움이 될 때까지 사는 것이 최상의 인생이다."라고 강조하신다. "인생은 60부터라는 말이 맞습니까?"라는 질문에 100년을 살아보니 황금기는 60~75세였다는 것이다.

"60은 돼야 성숙하고 창의적인 생각이 쏟아져 나옵니다. 그런데 '60에 어떻게 살까'는 40대에 정해야 해요. 지금은 다 떠났지만 내 동년배인 안병욱 교수, 김태길 교수, 김수환 추기경도 60~75세까지 가장 창의적이고 찬란한 시기를 보냈어요. 좋은 책은 모두 그 시기에 썼지요. 75세가 되면 그 절정의 상태를 언제까지 유지할 수 있느냐가 관건이에요. 잘하면 85세까지 유지가 되고 그 다음엔 육체적인 쇠락으로 내려와야지요."

1920년 평안남도 대동에서 태어난 김형석 교수는 일본 상지대上智大 철학과를 졸업하고 연세대 철학과에서 30여 년을 가르쳤다. 서울대 김태길 교수, 숭실대 안병욱 교수와 함께 대한민국 철학 1세대로 지성사를 이끌었다. 논리로 파고드는 철학자였지만 동시에 피천득을 잇는 서정적인 수필가이기도 했다. 60세에 뇌출혈로 쓰러져 눈만 깜빡이며 자리에 누운 부인을 23년

동안 차에 태워 돌아다니며 세상을 보여주고 맛난 음식을 입에 넣어주었다. 상처한 지 10년이 넘었지만 그는 부인의 손때가 묻은 낡은 집에서 홀로 지낸다.

"97세에도 쉬지 않는 이유는 무엇입니까?" 하고 물으니 "내 나이쯤 되다 보면 가정이나 사회에서 버림받지 않기 위해서는 두 가지가 필요해요. 하나는 일을 할 수 있어야 하고, 또 하나는 사소한 것이라 해도 존경 받을 만한 점이 있어야 해요."라고 답했다.

1960년대 『고독이라는 병』, 『영원과 사랑의 대화』 등의 에세이는 한 해 60만 부가 넘게 팔리며 출판계 기록으로 회자된 일이 있다. 내가 학생시절 그분의 수필집을 옆에 끼고 다니며 읽었던 기억이 아련하기도 하다. 그런데도 매일 밤 기나긴 일기를 쓴다. 문장이 잘 연결되게 하기 위해서란다.

"재작년, 작년의 일기장을 꺼내 2년간 무슨 일이 있었나 읽어보고, 그 시간을 연결 지어서 오늘의 일기를 쓰는 식이에요. 문장력이 약해지면 안 되니까 계속 훈련을 해요."

누구나 무엇을 남기고 갈 것인가를 생각해본다. 돈과 성공, 명예에 휘둘리지 않고 자신의 자리에서 최선을 다한다면 그것이 최고로 남는 것이란 말씀이다. 교수님이 감투를 써본 것도 딱 하나 학생상담 주임교수였다. 하지만 본인이 행복하셨고 바른 길을 가셨으니 그게 남는 것이리라.

100세가 다 되신 김형석 교수님의 부드러운 미소와 그 밝음이 일가를 이루신 모습이라 더욱 존경스럽고 부럽기 한이 없다.

65세가 넘어 명저들을 쓴 피터 드러커

피터 드러커Peter F. Drucker를 모르는 사람이 없다. 그러나 피터 드러커의 저서 2/3가 65세 이후에 저술됐다는 사실은 잘 모른다. 미국 클레어몬트 대학원 '드러커 연구소The Drucker Institute'에는 피터 드러커의 저서 40권을 연대순으로 진열해 놓은 책장이 있다. 왼쪽으로부터 약 1/3 지점에 놓인 책이 그가 65세에 쓴 『보이지 않는 혁명The Unseen Revolution』이다. 그러니까 그의 저서 가운데 2/3는 많은 사람들이 은퇴 연령으로 생각하는 65세 이후에 쓰였다는 얘기다.

그는 오스트리아 빈에서 태어났다. 1931년 독일 프랑크푸르트대학교에서 법학 박사 학위를 취득한 후 1933년 런던으로 이주하여 경영평론가가 됐다. 1937년 영국 신문사의 재미통신원으로 도미해 학자 겸 경영고문으로 활약했고, 1938년 이후 사라로렌스대학교, 베닝턴대학교, 뉴욕대학교 등에서 강의했다. '경영을 발명한 사람'이라는 칭송을 비롯해 현대 경영학의 아버지로 불리는 드러커는 백악관, GE, IBM, 인텔, P&G, 구세군, 적십자, 코카콜라 등 다양한 조직에 근무하는 수많은 리더들에게 직접적으로 영향을 끼쳤다.

40권의 저술들을 통해 20세기 후반에 등장한 새로운 사회 현상들을 예고했는데, 그중에는 민영화, 분권화, 경제 강국으로서 일본의 등장, 마케팅과 혁신의 결정적 중요성, 정보사회의 등장과 그에 따른 평생학습의 필요성 등이 있다. 또한, 생산과 분배, 생산요소의 변화, 지식근로자의 탄생, 인간의 수명 증가 등을 예측한 선견지명은 일선 경영자들이 기업을 경영하고 자기관리를 하는 데 큰 통찰력을 제공했다. 정년 후에도 클레어몬트 대학원의 교수로 활동했으며, 피터 드러커 비영리 재단의 명예 이사장직을 역임했다. 2002년 드러커는 민간인이 받을 수 있는 미국 최고의 훈장인 대통령 자유메달을 받았다. 2005년 11월, 96세 생일을 며칠 앞두고 타계했다.

사람들이 타계한 이후까지도 드러커를 존경하는 이유는 경영학의 새로운 지평을 연 '현대경영학의 창시자'라는 그의 학문적인 업적도 있지만, 그보다 2005년 11월 11일 만 96세로 생을 마감할 때까지 왕성하게 저술활동을 하면서 일을 손에 놓지 않고 현역으로 살았다는 점이다.

청춘靑春이 푸른 봄날이었다면 적추赤秋는 붉은 가을이다. 춘하추동 사계절에서 봄과 가을은 대칭이다. 만개할 여름을 준비할 봄이 청춘이었다면 다시금 땅으로 돌아갈 겨울을 준비하는 시기가 가을, 곧 적추다. 겨울이 남아 있으니 아직 끝은 아니고, 게다가 결실도 있다. 풍요롭고 아름다운 단풍은 덤이다.

우리도 피터 드러커처럼 90세까지는 몰라도 "80까지는 현역으로 일하고 책을 쓰면서 살다가 죽을 거야!"라고 외치며 다시금 그처럼 '적추의 삶'을 살아야겠다고 다짐해 보자.

100세에도 시를 쓴 시바타 도요

"있잖아, 힘들다고 한숨 짓지 마.

햇살과 바람은 한쪽 편만 들지 않아."

2011년 11월 교보생명 벽에 걸린 '광화문 글판'이 가을을 맞아 100세 할머니 시인의 위로 문구다.

전례 없이 길었던 여름철 비가 물러가고 일상에 지친 사람들의 마음을 보듬는 최고의 위로의 말이다. 문안은 시바타 도요柴田トヨ의 시 「약해지지 마」에서 발췌했다. 지금이 힘들다고 실망하거나 포기하지 말고 자연의 섭리를 믿고 어려움을 극복해 나가자는 의미다. 힘든 일이 있으면 언젠가 좋은 일도 올 것이라는 믿음을 전하며 용기를 북돋아준다. 교보생명 관계자는 "힘든 때일수록 좌절하지 않고 긍정의 힘을 믿자는 뜻"이라며 "어려운 경제 상황과 고단한 현실에 지친 사람들에게 위로를 전하고 용기와 희망을 주고자 이번 문안을 선정했다."고 밝혔다.

2013년 1월 102세로 세상을 떠난 일본의 시바타 도요 할머니. 그는 어린 시절에는 여관과 요리점에서 허드렛일을 하며 살았고, 20대에는 이혼의 아픔을 겪었고, 여든 한 살에 두 번째 남편과도 사별하고 20여 년을 혼자 살면서 너무 힘들어 몇 번 죽으려고도 생각했다. 그가 92세 때 아들의 권유로 시를 쓰기 시작했다. 시가 무엇인지도 몰랐다. 시를 배운 적도, 써본 적도 없었다. 이웃과 아들, 손자들에게 들려주듯, 그저 오랜 세월 살면서 느끼고 생각하고 깨달은 단상들이다.

그것들을 모아 98세 때인 2010년, 자신의 장례비로 저축한 100만 엔을 들여 처녀시집 『약해지지 마』를 출간했다. 세계 최고령 등단이었다. 시집은 일본에서만 150만 부 이상 팔렸고, 그 해 말 한국에도 번역 출판돼 베스트셀러가 됐다. 2012년에는 사진집과 함께 두 번째 시집 『100세』도 냈다.

시바타 도요 할머니는 무심코 한 말이 상대에게 얼마나 상처를 입히는지 나중에 깨달을 때 서둘러 그의 마음속으로 찾아가 "미안합니다." 말하고는 지우개와 연필로 고친다. 남의 험담을 하면 그 고통은 고스란히 자신에게 돌아온다는 것을 알고 있기 때문이었다.

바람과 햇살이 "할머니 혼자서 외롭지 않아?"라고 묻자 그는 미소 지으며 "인간은 어차피 다 혼자야."라고 답한다. 동일본대지진이 일어났을 때는 피해 주민들에게 천국에 가서도 햇살이 되고, 바람이 되어 응원하겠다고 약속했다.

그의 시는 거창한 메시지나 철학이 아니다. 언어로 멋을 내지도, 생각으로 다듬지도 않았다. 그럼에도 불구하고 아직도 사람들의 가슴을 울리고, 용기와 위안을 주고, 삶에 따스한 온기를 다시 불어넣는 것은 긴 시간 살아온 삶을 긍정적으로 바라보며, 그 경험들을 진솔하고 소박하게 드러냈기 때문이다. 순수한 마음으로 인생의 강을 건너지 않고는 얻어질 수 없다.

책 쓰기로 성공한 1인 젊은 기업가들의 탄생

"글 쓰는 일의 핵심은 당신의 글을 읽은 이들의 삶과 당신의 삶이 풍성해지는 것이다. 자극하고, 발전시키고, 극복하도록 하여 행복하게 하게 하는 것 그것이 궁극적 목표다."

미국 유명 소설가 스티븐 킹Stephen King이 책 쓰기에 대해 한 말이다. 책 쓰기를 통해서 삶을 변화시키고, 스티븐 킹의 말처럼 삶을 풍성하게 만들 준비를 해나가자.

요즘 책 쓰기를 통해 1인 기업가로 성공한 젊은 사람들이 부쩍 늘어났다. 이제 인터넷은 물론 스마트폰의 사용 확대로 인해 SNS, 블로그, 카페, 페이스북 같은 소통 채널이 생긴 것을 큰 변화 중의 하나로 볼 수 있다. 사실 이메일로 마케팅 하는 시대는 지나가버린 것 같다.

여기에 10여 년간의 직장생활에 마침표를 찍고 병원 개업 및 경영을 도와주는 컨설팅 회사 'Change Young company'를 1인 창업한 이선영 대표의 경우를 소개해보자. 직장 생활의 경험을 밑바탕으로 다양한 성과를 창출하고 있는 그는 "창업으로 특별해진 1인 기업가"라고 자신을 소개한다. 그는 어떻게 스페셜리스트가 됐을까? 『1인 창업이 답이다』 저자이기도 한 이선영 대표는 "평범한 사람도 부를 창출하는 시스템을 만들 수 있도록 도와주는 책입니다. 일상의 소소한 아이템으로 1인 창업을 꾀하는 데 도움을 줄 겁니다."라고 했다.

책을 보면 공격적인 단어가 자주 등장한다. 특히 '현대판 노예로 사는 당신에게'라는 단어가 눈에 띄는데 지나치게 극단적인 표현이 아닌가 싶기도 하다.

"그럴까요? 전 그렇게 생각하지 않습니다. 요즘 직장인은 현대판 노예나 마찬가지라고 봐요. 아무런 꿈 없이 그저 오늘만을 살아가니까요. 학교 다닐 때는 부푼 꿈을 안고 공부를 했을 텐데 막상 사회에 나가 보니 현실의 벽에 부딪히면서 꿈을 잃어버린 탓이겠죠. 주 5일 동안 아침부터 저녁까지 주어진 일만 하면서 미래를 위해 오늘을 포기하는 게 직장인의 삶입니다. '직장'이라는 것이 사람들을 현대판 노예로 전락시켜 자유를 빼앗고 있는 셈이죠. 그래서 그런 표현을 썼습니다."

요즘 책을 써서 1인 기업가로 활동하는 사람들은 생각보다 많다. 이선영 대표뿐만 아니라 평범한 사람들이 1인 창업으로 억대 수입을 올리고 있다. '스마트경영연구소'의 이길성 소장, '힐리스닝'의 이명진 대표, 『하루 10분 독서의 힘』의 저자이자 임마이티 대표인 임원화 작가, 『어떻게 나를 차별화 할 것인가』의 저자이자 브랜벌스의 대표인 김우선 작가 등 모두 자신만의 프로그램을 개발해서 활발하게 활동하고 있다. 이런 맥락에서 강연과 컨설팅 위주의 1인 기업가라면 나를 전문가로 제대로 알리기 위한 수단으로 책을 써야 한다. 책은 나를 알리고 전문가로서 발돋움하기 위한 기초공사이고, 강연으로 수입을 올릴 수 있기 때문이기도 하다.

책 글쓰기 지금 당장 시작하라

내 인생을 바꾼 첫 책 쓰기

당신의 일이 당신의 책이 된다! 최근 일본에서도 한 분야에서 10년 넘게 일한 직장인들이 책을 출간하는 것이 붐이다. 이러한 직장인들의 책 쓰기 열풍은 국내에서도 왕성하게 나타나고 있다. 일에 대한 전문성과 자기만의 노하우를 가진 사람들이 자기 분야에서 성취한 것들을 책으로 펴낸다. 이들은 원론적인 지식보다는 당장 활용할 수 있는 효율적인 방법론을 제안하여 독자의 마음을 사로잡는다.

내 인생의 첫 책 쓰기는 자기 분야에서 전문성을 인정받고 브랜드 가치를 높이고 싶은 직장인들을 위해 공격적인 글쓰기로서 책 쓰기를 권한다. 실제로 직장생활을 하며 첫 책을 써서 인생의 터닝포인트를 맞이한 저자들은, 책을 쓰는 것은 가장 돈을 적게 들이면서 객관적 전문성을 인정받을 수 있는 가장 좋은 방법이라고 역설한다.

책은 자기가 하고 싶은 것을 하면서 전문가의 길로 들어설 수 있는 힘을 준다. 또 평소 일할 때 결과물을 모아 책을 만든다는 목표를 갖는다면 훨씬 동기부여가 될 것이다. 가령, 자신의 일과 관련된 책을 쓰겠다고 다짐하면 지금 하는 일을 다시 바라보게 된다. 그에 관한 다른 책을 읽고서 배운 생각들을 현장에 적용해보기도 한다. 그러다 더 좋은 생각들을 하게 되면, 그것을 다시 실제 업무에 활용해보는 것이다. 이런 과정을 거쳐 자기 일에 대한 책을 한 권 쓴다면 그 분야의 전문가로 거듭날 수 있게 된다.

내 인생의 첫 책 쓰기를 위해 구본형, 한근태, 하우석, 안상헌 등 우리 시대를 대표하는 저술가들을 찾아가 그들의 인생을 바꾼 첫 책 이야기에 귀를 기울일 필요가 있다. 지금은 고인이 되었지만 이 분야 1세대인 구본형 변화경영연구소 소장은 책을 통해 한 분야의 전문가로 거듭난 대표적 인물이다. 구본형 소장은 40대에 접어들면서 인생의 고비를 맞았다. 그때까지 그는 IBM이라는 세계적인 기업의 일원으로 잘 포장된 삶을 살고 있었다. 그러던 그에게 어느 날 삶에 대한 회의가 찾아들었다. 불확실한 미래를 극복하기 위해 그는 끊임없이 자신을 변화시켰으며, 그 과정에서 배운 것을 세상 사람들과 나누기 위해 책을 썼다. 그 책이 바로 『익숙한 것과의 결별』이다. 이후 2년에 세 권 꼴로 책을 낸 그는 사후에도 변화경영 전문가라는 새로운 직업인으로 사람들의 머릿속에 각인되었다.

『40대에 다시 쓰는 내 인생의 이력서』의 저자인 한근태 한스컨설팅 대표는 전형적인 엔지니어다. 마흔두 살까지 대기업 연구소에서 임원생활을 했던 그는 회사를 그만두고 우연한 기회에 경제지에 칼럼을 쓰게 되었다. 2년 정도 글을 썼는데 뜻밖에도 많은 팬들이 생기면서 점점 글쓰기에 대한 자신감을 갖게 되었다. 그는 자신의 이야기를 하기 위해 첫 책을 썼다. 하고 싶은 이야기가 너무 많았다. 사회에 대한 불만도 많았고, 이렇게 하면 잘 될 것 같다는 얘기를 하고 싶었지만 통로가 없었다. 그래서 『나를 위한 룰을 만들어라』, 『40대에 다시 쓰는 내 인생의 이력서』, 『회사가 희망이다』와 같은 책을 연속으로 냈다. 이후 그는 다방면에 관심을 갖고 책과 사람을 통해 공부하여 글을 쓰고 강의를 하는 일을 계속하고 있다.

『100억짜리 기획력』을 쓴 공주영상대학 하우석 교수는 광고대행사에서 근무하던 시절에 첫 책을 썼다. 광고기획자로 기획의 세계에 첫발을 내딛은 그는 1년 365일, 하루 24시간을 기획과 함께할 만큼 기획에 푹 빠져 지냈다. 어느 날, 그는 스스로에게 이런 다짐을 했다. 좋아, 10년 후에는 반드시 기획과 관련된 책을 한 권 내야지.' 시간이 흘러 어엿한 광고기획자가 된 후 그는 10년 전에 한 자신과의 약속을 떠올리며 글을 쓰기 시작했다. 물론 주제는 기획이었으며, 일기 쓰듯이 매일 조금씩 써내려갔다. 그리고 그 글들을 모아 『100억짜리 기획력』을 출간했다. 이후에 열 권 정도 더 책을 냈지만 가장 애착이 가는 책은 말할 것도 없이 첫 책이다. 그 이유가 단지 첫 작품이어서도 아니고 책 내용이 뛰어나서도 아니다. 어떤 책보다도 꼭 쓰고 싶다는 강렬한 열망이 가득 담겨 있기 때문이다.

책 글쓰기 학교와 1:1 개인 코칭도 대세다

필자는 모임이 여럿 있는데 그중에서도 거의 빠지지 않고 꼬박 꼬박 나가는 '에세이 클럽'이라는 모임이 있다. 책을 이미 여러 권 낸 사람들도 있지만 책을 쓰고 싶은 열정이 있는 사람들의 모임이었다. 그동안 수십 년간 직장인이나 경영자로 살아오면서 산전수전을 겪은 이야기들을 책으로 써보려는 왕초보들도 꽤나 많다.

매월 한 번씩 모여서 시인, 소설가, 출판사 사장의 생생한 경험을 듣기도 하지만 우리나라 수필계의 대부 격인 손광성 선생님을 모시고 글쓰기 연습도 하고 직접 써온 글을 하나하나 수정해주는 프로그램으로 글쓰기 실전을 체험하는 모임이다. 이 클럽은 10여 년이 되었는데 2017년부터는 얼떨결에 내가 회장을 맡게 되었다. 사실 글쓰기는 회원들이 계속 줄어들어 어려움이 많았다. 순수한 에세이 글쓰기에서 '책 글쓰기 학교'로 명칭을 바꾸어 새로 시작하기로 했다.

그런데 아무도 예상치 않은 일이 벌어졌다. 글쓰기를 책 쓰기로 명칭을 바꾼 것이 주효했는지 사람들이 많이 몰려들었다. 2017년 2월에 시작한 책 글쓰기 모임 밴드에만 200명 이상이 몰려들었다. 그리고 월례모임을 2017년 3월부터 시작했는데 그동안 모였던 인원의 4배 정도가 연회비를 사전에 냈다. 정원이 30명 정도인데 무려 70여 명이 참여하고 있다. 지금도 계속 회원이 늘어나고 있는 중이다. 그만큼 책 쓰기는 남녀노소를 불문하고 폭발적인 관심이 있는 게 틀림없다.

멤버 중에 에세이클럽 모임의 산파역인 양병무 박사가 있다. 이 분은 이미 책을 40여 권이나 출간하였고 『주식회사 장성군』으로 베스트셀러가 된 저자이자 학자, 연구소, 그리고 사이버대학의 부총장까지 역임하고 지금은 재능대학 교수를 하는 분이다. 양병무 박사가 '책 글쓰기 학교'의 학장을 맡고 있다.

『이젠 책 쓰기다』의 저자이자 라온북 출판사 대표인 조영석 대표는 "2016년 상반기에 진행된 책 쓰기 특강 신청자는 약 300여 명이며, 이는 전년도 상반기 비해 200% 증가한 수치이다. 기업에서 은퇴했거나, 은퇴를 앞두고 퍼스널 브랜딩으로 제2의 인생을 준비하는 40대 이상이 참석자 중 60%에 이른다."며 "최근 백화점, 구청, 각종 교양 강좌 등에서도 책 쓰기 강좌가 많이 늘고 있는 추세이다."라고 말했다.

또한, 이런 책 쓰기 열풍의 이유 중의 하나는 전문가들이 '책 쓰기'로 본인을 브랜딩하기 위해서이다. 본인의 퍼스널 브랜딩뿐만 아니라, 기업의 브랜딩을 위해 사업가들이 책 쓰기를 배우러 찾아오는 사례도 있으며, 이는 본인의 사업을 홍보하기 위해서 책을 쓰는 것도 큰 전략이 되기 때문에 본인의 사업을 꿈과 엮어 출간해 출판뿐만 아니라 사업에서 성공하는 사례도 많이 있기 때문이다.

글쓰기와 책 쓰기의 길을 안내해주는 관련서적이 의외로 많이 출간되고 있다. 예를 들면 책 쓰기 전문코치로 활동 중인 드림트리연구소 정형권 소장의 『나를 표현하는 글쓰기, 나를 대신하는 책 쓰기』가 바로 그런 책들이다. 학습코칭 전문가로도 널리 알려진 저자는 책 쓰기와 학습을 결합한 융합형 글쓰기를 지향하는 '해외 진출 1호 학습코치'이다. 그는 책을 쓰는 일이 어렵고 낯설기만 한 일반인들을 위해 '책 쓰기 코칭 스쿨'을 운영하고 있다. 요즘은 기업이나 단체뿐만 아니라 학교에서도 책 쓰기 코칭 프로그램을 운영하며 학생 저자 양성에도 힘쓰고 있다.

그러나 여기서 조심해야 할 부분이 있다. "100% 출간 보장" 책 쓰는 비법을 가르쳐 준다는 광고다. 경험이 없는 사람도 여섯 주만 수업을 들으면 책을 내고 베스트셀러 작가가 될 수 있다고 뻥을 치기도 한다.

"책을 써 본 경험이 없는데 6주 해서 가능한가요?"

"물론이죠, 부족한 부분이 있으면 개별 코치도, 충분히 할 수 있을 때까지 계속해 드리거든요. 출판까지 보장됩니다."

작가가 되고 싶은 사람들을 겨냥한 일종의 과외인데, 수강료가 1천만 원을 넘는 경우도 있다. 1일 워크숍은 비용이 40만 원이고, 12주 책 쓰기 과정은 자그마치 1천2백만 원이다. 그 돈 들인다고 해서 과연 책을 낼 수 있을까?

모집 안내문과는 달리 일방적인 강의만 몇 차례 있었을 뿐 체계적인 지도는 받지 못했다고 입을 모은다. 수강생들은 허위 광고에 사기를 당했다며 강사를 경찰에 고발한 경우도 심상치 않게 일어나고 있다.

책을 석 달 만에 쓸 수 있다고 하는 것은 공장에서 상품을 찍어내는 것과 똑같다고 볼 수 있는데 결국, 출판시장의 질을 저하시키는 결과를 가져올 수 밖에 없다. 더구나 계약서를 쓰지 않고 현금으로 수강료를 낼 경우, 약속과 다르다는 이유로 환불이나 보상을 받기 어렵다. 허황된 목표를 약속하는 고액 글쓰기 과외는 주의할 필요가 있다.

책 글쓰기에 습관과의 고스톱을 쳐라

어떤 사람이 딸을 데리고 서커스에 갔다. 거기서 그들은 깜짝 놀랐다. 8마리의 커다란 코끼리가 있었는데 그 코끼리들을 묶어 놓은 밧줄이 생각 이상으로 가늘었던 것이다. 족쇄에 달린 고리에 붙어있는 가느다란 밧줄은 다시 조금 더 굵은 밧줄에 묶여 있었고, 그 굵은 밧줄은 말뚝에 묶여 있었다. 몇 톤이나 나가는 코끼리는 힘도 셀 것이고 밧줄을 끊고 서커스장을 마구 돌아다닐 수도 있다.

나중에 안 일이지만 코끼리들이 밧줄을 끊을 힘이 있어도 그대로 묶여 있을 수밖에 없다는 것이다. 어릴 때부터 사람들은 코끼리를 묶어놓고 키우는데, 처음에는 이를 벗어나려고 안간힘을 쓴다. 그러나 얼마쯤 지나면 코끼리들은 점차 길들여지고 그 후 커서도 오른쪽 발목이 무언가에 묶여 있다면 오른발 쪽은 아예 움직이려고 하지도 않는다는 것이다. 어떤 밧줄이나 쇠줄보다도 마음속의 밧줄이 더 강하다는 것을 알 수 있다.

인간도 유사하다. '세 살 버릇이 여든까지 간다.'라는 속담처럼 버릇이나 습관은 어릴 때부터 잘 길들여 놓는 것이 중요하며 어릴 때부터 서서히 바꾸어 나가지 않으면 한꺼번에 바꿀 수 없다. 습관은 계속적으로 반복되는 행동 양식이다. 그것은 긍정적인 것일 수도 있고 부정적인 것일 수도 있다. 하지만 어떤 경우든 습관은 몇 가지 공통적인 성질을 가지고 있다.

첫째, 습관은 Go만 있고 Stop이 없다는 것이다. 다시 말하면 일관성의 원리다. 상황이 바뀌어도 일단 형성된 사고방식이나 행동 양식이 변하지 않고 유지되는 것을 말한다. 에리히 프롬은 자신의 책 『자유로부터의 도피』에서 '인간은 자유를 원하기도 하지만 동시에 자유로부터 도피하려고 한다.'는 사실을 지적하고 있다.

둘째, 습관은 자신이 선택했다는 것이다. 자기가 선택한 행동은 쉽게 바꾸려 하지 않는 특징이 있다. 따라서 한 번 선택한 습관을 고치는 일은 그만큼 어려워진다. 잘못된 습관을 우리가 쉽게 버리지 못하는 이유를 심리학에서는 어떤 문화권에서든 일관성을 유지하는 것이 더 높은 사회적인 평가를 받는다는 사실을 들고 있다.

성공한 사람이나 성공한 기업은 반드시 나름대로 성공할 수 있는 남들과 차별화되고 좋은 습관을 가지고 있고 공부 잘하는 아이들을 보더라도 자기 나름대로의 습관을 공통적으로 가지고 있다는 것을 흔히 볼 수가 있다. 습관은 한 번 길들여지면 바꾸기가 어려운 만큼 좋은 습관에 길들여져 있다는 것은 인생을 살아가는 데 대단히 큰 자산이 된다.

몇 년 전 일본 후생성에서는 성인병도 결국은 나쁜 습관에서 온다고 결론을 짓고 성인병을 '습관병習慣病'으로 이름을 바꾼 것만 보아도 습관은 그 사람 자신의 행복과 불행을 결정짓는 잣대가 되기 때문에 나쁜 습관은 과감히 변화시켜 나가야 한다. 인간의 잠재력은 무한한 가능성이 있다고 한다. 지금까지 살아왔던 인생을 되돌아보고 자기 인생의 변화나 새 출발이 필요하다면 자기의 습관을 구조조정Restructuring하는 결단이 우선되어야 한다. 인생은 결국 습관의 산물이다. 책 글쓰기는 철저하게 자신의 '습관 바꾸기'에서 시작해야만 가능하기 때문이다.

버킷 리스트에 책 쓰기를 넣고 지금 당장 도전하라

"제대로 쓰려 말고, 무조건 써라."

미국의 소설가 제임스 서버James Grover Thurber의 말이다. 일단 내가 살아온 스토리부터 차근차근 써보기 시작하면 그 속에서 책에 담고 싶은 메시지를 발견할 수 있다. 이런 말을 하는 분도 있다.

"나는 평범한 인생을 살아서 그런지 책으로 쓸 만한 특별한 경험을 한 적이 없어요."

책을 쓰고 싶어 하는 사람들을 상담해보면 가끔 책을 쓰러 온 건지, 책을 쓰지 못할 이유를 직접 확인하러 온 건지 헷갈릴 때가 있다. 사실 많은 사람들의 인생은 거의 비슷하다. 대부분 같은 경험을 하고 같은 생각한다. 하지만 남들과 똑같은 경험이라도 그것을 내가 어떻게 바라보느냐에 따라 결과는 달라진다. 같은 경험을 색다르게 바라보는 시선이 책 쓰기의 포인트가 되는 것이다. 오히려 비슷한 경험이기 때문에 독자들에게 더 많은 공감을 이끌어 낼 수 있다는 게 중요하다.

지금까지 살아온 인생을 새로운 시선으로 바라보며 누군가에게 도움이 될 수 있는 책으로 만들 수 있을지 생각해보자. 그리고 그것을 글로 써보자. 그것이 책 쓰기의 시작이다.

인간의 내면에는 기록에 대한 욕망이 있다. 우리는 주변에서 다양한 글쓰기의 향연이 벌어지고 있음을 자주 확인한다. 소통을 위한 SNS 글쓰기부터 기획서나 제안서 같은 실용적인 글쓰기, 그리고 주제가 있는 에세이나 자신의 전문 분야를 알려주는 책 쓰기까지. 다양해진 기회만큼 일반인의 글쓰기 욕구도 커진 것이 사실인데 정작 글을 쓰는 것이 힘들다는 하소연이 줄을 잇는다.

책을 많이 쓴 작가들에게 받은 질문들을 나열해 보면 다음과 같다.

“작가님은 타고난 재능이 있으시고, 특별해서 책을 쓰지 않았을까요?”

“작가님은 책을 많이 읽으셔서 가능하셨잖아요? 저도 이제부터 책을 많이 읽은 뒤에 도전할까 해요?”

그러나 천만의 말씀이다. 『내 인생 최고의 버킷리스트 책 쓰기다』 저자 오정환 씨는 당신도 누구나 마음만 먹으면 책을 쓸 수 있다고 강력하게 권한다. 많은 사람들이 살아생전에 책 한 권 쓰기를 원한다. 당신이 굳이 전문가가 아니어도 상관없다. 책이 전문가로 만들어 주기 때문이라고 강조한다. 그동안 그는 시집을 포함하여 10권의 책을 냈고 이를 토대로 전문강사로 뛰면서 책 쓰기 코칭을 겸하고 있다.

앞서 소개한 바 있는 책 쓰기 코치 김태광 씨도 유별난 사람이다. 그는 몇 달간을 소주를 마시며 자신의 신세 처지에 대해 좌절하고 절망해야 했다. 하지만 어느 순간 아무리 지금의 암울한 상황을 부모 탓, 세상 탓으로 돌려봐야 현실은 조금도 나아지지 않는다는 생각으로 ‘책 쓰기’에 전부를 건 사람이다. 그 결과 우리나라 최초로 최연소, 최단 기간 최다 집필 공적으로 ‘기네스’에 등재되었다.

도자기는 마지막에 유약을 발라 잘 굽는 것으로 마무리되지만, 초벌구이 없이는 그 다음 단계도 없다. 책 쓰기도 그렇다. 일단 초고를 써야 한다. 그 다음 수십 번, 수백 번의 고쳐 쓰기로 윤을 내고 가꾸는 것이 가능하다. 책 쓰기에 있어 초고를 완성하는 것은 전체 공정의 70~80%에도 못 미치지만, 초고를 다 쓰면 그 다음은 내리막길처럼 수월하게 마무리할 수 있다는 사실을 발견하게 된다. 누구에게나 책 한 권을 세상에 선보이기까지 숱한 어려움과 좌절에 맞닥뜨리게 될지 모른다. 하지만 포기해서는 안 된다. 끈질긴 인내심과 계속 도전하는 힘이 필요하다.

그리고 지금 바로 시작하라. 당신의 그 책이 한 사람의 인생을 바꾸게 되는 중요한 계기가 되어 돌아온다. 목표, 지금 즉시 종이에 적고 생생하게 상상하면 이루어진다. 누구든, 책을 쓸 수 있다. 자신만의 이야기를 찾아라. 그리고 무조건 첫 문장부터 써라.

지금 당장!

Making Book
for Smart Phone

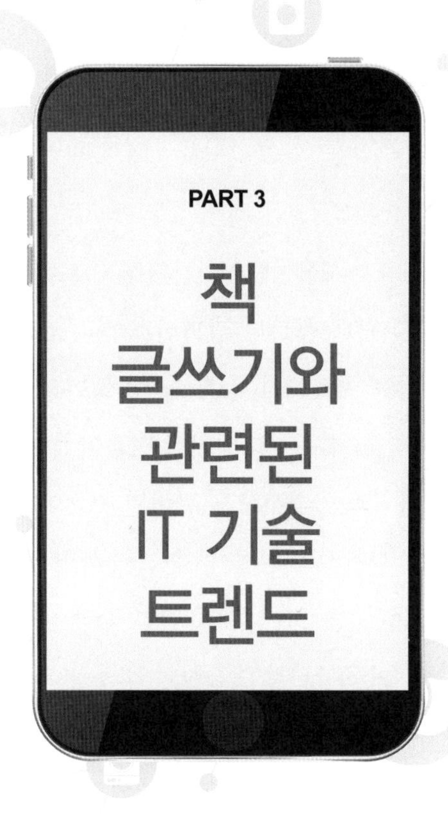

PART 3

책 글쓰기와 관련된 IT 기술 트렌드

최근 IT기술의 발전 방향

우선 최근 정보기술의 추세에 대해서 간단히 검토하고자 한다. 표3-1 자료는 2017년 2월 23일 국내 블로터 컨퍼런스Bloter Conference에서 활용된 미국 가트너Gartner 사 발표 자료이다. 2010년대 들어오면서 세계적으로 정보기술의 중심은 모바일, 클라우드, 빅데이터 기술이었다. 표3-1에 빨간 글씨로 표기된 부분이 모바일과 클라우드에 관련된 기술이다.

2007년에 미국 애플사가 아이폰을 처음 소개하면서 세상의 풍속도를 바꾸어 놓았다. 스마트폰은 융복합의 대표적인 사례이다. 이제 라디오, TV, MP3, 인터넷, DMB, GPS, PC의 기능들이 모두 스마트폰으로 통합되면서 세계 어느 곳에 가든 언제든지 스마트폰만 있으면 24시간 근무할 수 있는 스마트 워킹 시대가 되었다. 스마트폰이 소개되기 이전에 지하철 광고는 황금알 낳는 거위라고 할 만큼 수익성이 좋은 사업이었다.

그러나 스마트폰이 널리 보급된 지금은 지하철 안 광고가 거의 사라져 버렸다. 지하철 승객 모두가 지하철을 타면 휴식하든가 아니면 스마트폰을 보고 있으니 열차 내의 광고가 될 리가 없다. 스마트폰의 소개는 바로 모바일

표3-1: 2011년부터 2015년 세계 IT 주도 기술

	2011년	2012년	2013년	2014년	2015년
1	클라우드컴퓨터	미디어 태블릿 그 이후	모바일 대전	다양한 모바일기기 관리	(언제 어디서나 컴퓨팅 사용이 가능한) 컴퓨팅 에브리웨어
2	모바일 앱과 미디어 태블릿	모바일 중심 애플리케이션과 인터페이스	모바일 앱 & HTMLS	모바일 앱과 애플리케이션	사물인터넷
3	소셜 커뮤니케이션 및 협업	상황 인식과 소셜이 결합된 사용자 경험	퍼스널 클라우드	만물인터넷	3D 프린팅
4	비디오	사물인터넷	사물인터넷	하이브리드 클라우드와 서비스브로커의 IT	보편화된 첨단 분석
5	차세대분석	앱스토어와 마켓 플레이스	하이브리드 IT & 클라우드컴퓨팅	클라우드 / 클라이언트 아키텍쳐	(다양한 정화정보를 제공하는) 콘택스트리치 시스템

〈가트너 발표자료: 블로터 컨퍼런스, 2017.2.23〉

기술과 클라우드 기술로부터 시작되었으나 반면 스마트폰의 소개자체가 그 두 가지 기술의 발전에 크게 기여하기도 했다. 그런데 이제는 스마트폰이 아닌 핸드폰을 가지고 있는 사람은 거의 없으므로 이 책자에서는 모든 사람들이 가지고 있다는 상징적인 의미로 스마트폰이라는 용어 대신 우리가 일상생활에서 습관적으로 사용하고 있는 핸드폰이라는 용어를 사용하고자 한다.

요즈음 화두가 되고 있는 4차 산업혁명은 사물인터넷IoT: Internet of Things 빅데이터와 클라우드 서비스, 3D 프린팅, 자율주행 자동차와 드론 같은 무인 운송수단, 신재생 에너지, 인공지능, 로봇공학 등 신기술들의 혁신적이고 융합적인 발전을 통해, 20세기 후반에 이루어진 3차 산업혁명 등과는 완전히 다른 새로운 형태로 나타나 이 세상의 모습을 스마트 환경으로 바꾸고

그림3-1: 모두들 무엇을 보고 있나?

있다. 모든 것이 자동으로 이루어지는 환경을 말한다. 2030년이 되면 현재의 직무 중 70%가 없어진다고 한다. 물론 새로운 환경에서 새로운 직무들이 생겨날 것이다. 컴퓨터에 의해 대체될 위험이 있는 직업은 세무사, 관세사, 각종 경기 심판이나 기록원, 치과 기공사, 신용추심원, 회계사, 택배원, 철도 및 전동차 기관사, 경호원, 의복제조원 등이다. 택시 기사, 통역사나 번역사, 여행안내원 등의 직무도 없어질 일 중 하나이다. 변호사나 대학 교수도 위험 직업 중 하나이다.

이제 스마트Smart 시대다

앞으로 사물인터넷을 활용한 사물인터넷 서비스는 사용자가 뭔가를 요구하지 않아도 미리 알아서 서비스해 주는 기술로 발전해 갈 것이다. 예를 들어 점심식사 후 졸릴 즈음에 습관적으로 커피 마시는 사람에게 커피포트가 알아서 물을 끓여 주거나 아예 로봇이 커피를 타서 가져다주는 등 그리 멀지 않은 미래에 모든 사물들이 알아서 사용자가 원하는 서비스를 제공해 주게 될 것이다. 이러한 것이 가능해지기 위해서는 우선 상황인지 기술이 필요한데 상황인지 기술에서 가장 중요한 것이 이미지 인식기술이다.

사람들은 이미지를 통해서 대부분의 정보를 받아들인다. 만일 이미지 인식기술을 통해 어떤 이미지가 주어졌을 때 그 이미지가 의미하는 상황을 인지하는 기술이 완벽하게 이루어진다면 어떤 이미지만 주어져도 발생하는 여러 가지의 다른 질문에 대해서 무엇이든 답을 할 수 있게 될 것이다. 이런 서비스가 가능해지기 위해서는 어떤 사람이 무엇인가를 마시고 싶어 하는지, 그리고 그것이 커피인지를 알아내는 것은 다양한 센싱 기술과 오랜 기간 축적해 놓은 상당한 분량의 데이터들을 분석하는 기술이 필요할 것이다. 물론 지금도 인간이 말하는 음성 인식기술이 크게 발전하여 자기 생각을 말하면 된다. 표3-2는 세계 인구수가 증가하는 모습과 서로 사물끼리 다양한 기술들이 연결되어 우리 생활을 도와주게 되는 디바이스의 수를 보여 준다. 각종 센서라든지 또는 연산기능이 장착된 작은 칩이 사물에 장착되는 컴퓨터를 임베디드Embedded 컴퓨터라고 부른다. 이러한 임베디드 컴퓨터들이 무선으로 연결되어 작동하는 사물의 수는 2000년대 중반에 세계 인구의 수를 넘어 이제 2020년이 되면 500억 개가 넘을 것이라고 한다. 세계 인구 1인 평균 약 6.6개를 사용하게 되는 것이다. 그런데 세계 인구 중 연결된 디바이스를 하나도 쓰지 않는 인구도 제법 많을 것이기 때문에 많이 사용하는 국가의 국민들은 한 사람이 50~100개 이상도 활용하게 된다는 통계이다. 두 사람 한 가족을 기준으로 보면 한 가정에서 100~200개의 연결된 디바이스를 활용하는 시대가 되어 그야말로 스마트 환경을 만들어 갈 것이라는 이야기이다. 자율주행 자동차라든지 집안일을 도와주는 로봇 등이 그 사례이다.

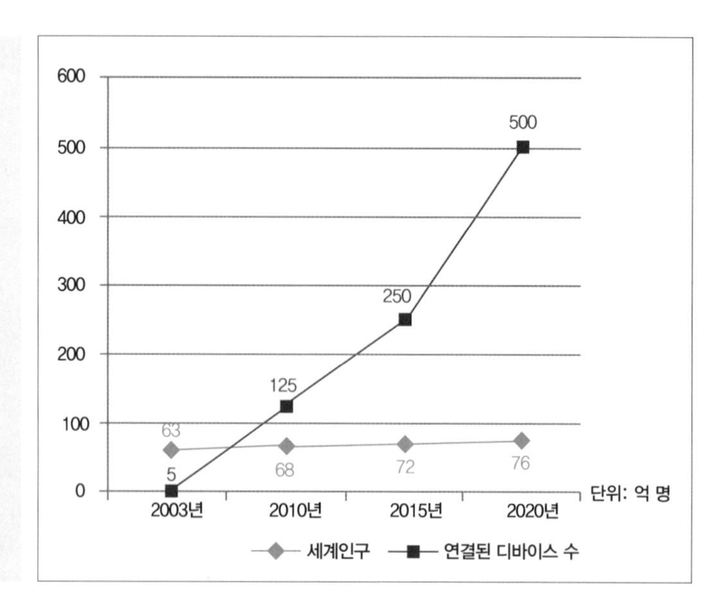

표3-2: 연결된 디바이스의 증가세

사이버물리 시스템CPS: Cyber Physical System이란 기존에 각각의 시스템 개체에 들어가 별도로 작동하던 임베디드 컴퓨터와는 달리 연산, 조작, 통신의 세 가지 요소를 연합하여 각 시스템 개체들 간의 협력적인 관계를 구축해 줌으로써 모든 것이 자동으로 움직여 주도록 만들어 주는 시스템이다. 이 기술의 발전으로 인해 우리가 온 세상이 자동으로 움직여지는 스마트시대에 살게 되는 것이다. 아래 표는 세상이 어떤 모습으로 바뀔지를 나타내 준다. 스마트 도시, 스마트 병원, 스마트 고속도로, 스마트 공장 등, 온 세상이 자동으로 움직이는 스마트 환경으로 뒤덮이게 될 것이다.

페이팔 마피아Paypal Mafia

나는 최근 IT 기술의 발전상을 일부 인터넷 플랫폼 기반의 각종 어플리케이션으로 세계적인 기업들이 된 회사들을 소개하고자 한다. 2002년에 페이팔은 이베이eBay에 1.8조 원의 값으로 팔리게 되었다. 당시 대주주였던 투자

그림3-2: 우리는 이제 곧 스마트 환경에서 살게 된다

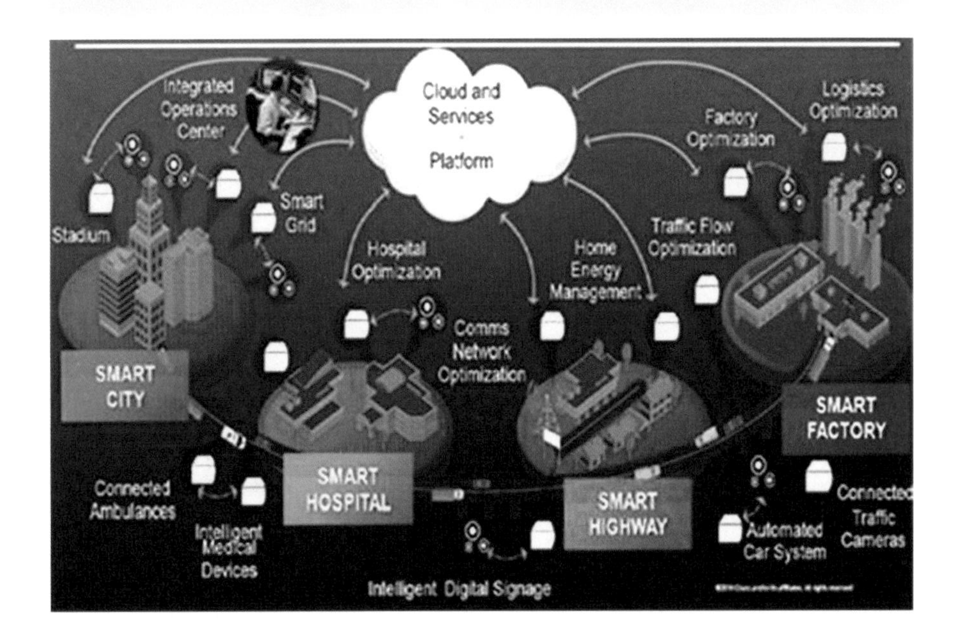

자들은 그림3-3과 같이 각기 그 이후로 대단한 약진을 하여 소위 미국에서도 페이팔 마피아라고 일컬어질 만큼 성공한 기업가들이 되었다. 이들 회사는 모두가 몇 년도 되지 않는 짧은 기간 안에 엄청난 자산 가치의 기업들로 성장한 회사들이다. 여러분들이 대부분 잘 아는 기업들이기 때문에 각 기업의 특성이나 상세내역을 논하지는 않겠다. 그러나 현재 전기자동차의 주도자로 달리고 있는 테슬라Tesla의 경우 전체 임직원들 중에 소프트웨어 엔지니어가 차지하는 비중이 60%가 넘는다고 한다. 이제 자동차도 하드웨어가 아니다. 2007년 애플에 의해 아이폰이라는 스마트폰이 세상에 처음으로 소개된 이래 하드웨어와 소프트웨어의 융합Convergence은 현세의 대세이다. 하드웨어만으로 생존할 수 없는 시대이다. 이제는 자동차도 자율주행 자동차를 비롯해서 하드웨어가 아니라 소프트웨어가 주도하는 시대이다.

그림3-3: 페이팔 마피아의 무서운 성장

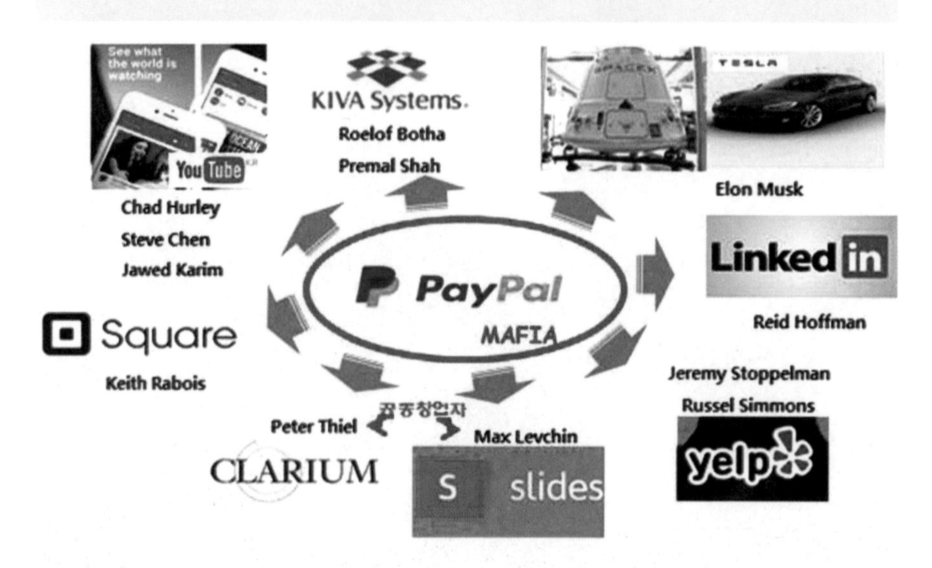

표3-3은 1980년부터 2015년까지 시장 총액 기준으로 세계 10대 IT 기업들의 추이를 보여주는 표이다. 1990년대까지만 해도 제조업을 위주로 하는 미국과 일본 기업들이 세상을 주도하고 있었다. 그러나 2012년도의 순위를 보면 일본의 제조업들은 모두 물러나고 미국을 중심으로 인터넷(클라우드) 및 통신을 위주로 하는 기업들이, 그리고 단 3년 뒤인 2015년에는 중국의 성장세가 두드러져 미국과 중국을 중심으로 인터넷(클라우드)을 위주로 하는 기업들이 세상을 주도하고 있다. 그런데 특이한 상황은 세계 10대 IT 기업들 중 제조업을 영위하고 있는 기업은 삼성전자밖에 없으며 그 순위도 2012년 5위에서 2015년 10위로 낮아진 것이다.

표3-3: 세계 10대 IT 기업 추이 (시장 총액 기준)

순위	1980	1990	2012	2015
1	IBM	IBM	Apple	Apple
2	HP	HITACHI	China Mobile	Microsoft
3	Panasonic	Panasonic	Google	Google
4	Xerox	Alcatel	Microsoft	China Mobile
5	Digital	NEC	IBM	Facebook
6	SONY	SONY	Samsung	Verizon
7	Texas Instrument	Fujitsu	AT&T	Alibaba
8	HITACHI	Nintendo	ORACLE	ORACLE
9	MOTOROLA	FUJIFILM	Verizon	Tencent
10	UNISYS	SHARP	Vodafone	Samsung
	미국, 일본 제조업	미국, 일본 제조업	미국 클라우드/통신	미국, 중국 클라우드

클라우드 컴퓨팅이란?

모든 소프트웨어 및 데이터는 클라우드(IDC: Internet Data Center와 같은 대형 컴퓨터의 연합체)에 저장되고 네트워크 접속이 가능한 PC, 태블릿 컴퓨터, 노트북, 넷북, 핸드폰 등의 IT 기기 등 다양한 단말기를 통해 장소에 구애받지 않고 언제든 원하는 작업을 수행할 수 있는 컴퓨팅 기술을 말한다. 다시 말해 개인이 가지고 있는 단말기를 통해서는 입·출력만 이루어지고 정보분석 및 처리, 저장, 관리, 유통 등은 클라우드라고 불리는 제3의 공간에서 이루어지는 컴퓨팅 시스템의 형태라고 할 수 있다.

클라우드란 컴퓨터 네트워크 상에 숨겨진 복잡한 인프라 구조, 즉 인터넷을 뜻한다. 클라우드 컴퓨팅은 사용자가 필요한 소프트웨어를 자신의 컴퓨터에 설치하지 않고도 인터넷 접속을 통해 언제든 사용할 수 있고 동시에 각종 정보통신 기기로 데이터를 손쉽게 공유할 수 있는 사용 환경이다.

구글·다음·네이버 등의 포털에서 구축한 클라우드 컴퓨팅 환경을 통하여 태블릿 컴퓨터나 핸드폰 등 휴대용 IT기기로도 손쉽게 각종 서비스를 사용할 수 있게 되었다. 구글 앱스Google Apps의 경우 핸드폰으로 이용할 수 있는 여러 가지 응용 프로그램들을 온라인으로 제공하고 이런 서비스를 위한 소프트웨어와 데이터는 서버에 저장한다. 클라우드라는 용어는 1990년대에 거대한 규모의 현금자동지급기ATM: Automatic Telling Machine를 지칭하는 데서 쓰이다가, 2000년대에 들어서 클라우드 컴퓨팅이라는 용어가 사용되기 시작했다.

조금은 어려운 용어들이기는 하지만 그래도 클라우드에 대한 전문가들의 정의를 한 번은 짚고 넘어가고자 한다. 시카고 대학 이안 포스터Ian T. Foster 교수는 "인터넷을 통하여 외부 고객의 요구에 따라 컴퓨팅 파워, 스토리지, 플랫폼 및 서비스를 제공하기 위해 가상화되고, 동적 확장성 및 관리가 가능하며, 규모의 경제성이 있는 대규모 분산 컴퓨팅 패러다임"으로 정의하였으며, 가트너Gartner는 "인터넷 기술을 활용하여 여러 고객들에게 높은 수준의 확장성을 가진 IT 자원들을 서비스하는 컴퓨팅"으로, 포레스터 리서치Forrester Research는 "표준화된 IT기반 기능들이 인터넷 프로토콜로 제공되고, 언제나 접근이 허용되며, 수요가 변함에 따라 가변적이고, 사용량이나 광고에 따라 과금 모형을 달리하는 형태"라고 설명하였다.

클라우드 컴퓨팅이란 구름Cloud과 같이 무형의 형태로 존재하는 하드웨어·소프트웨어 등의 컴퓨팅 자원을 자신이 필요한 만큼 무상으로 빌려 쓰거나 또는 그에 대한 사용요금을 지급하는 방식의 사용자 중심의 컴퓨팅 서비스이기 때문에 구름이라고 명명되었다. 구름과 같이 내가 가지고 있는 보이는 하드웨어나 소프트웨어를 저장하여 사용하는 것이 아니라 보이지 않는 다른 위치에 존재하는 컴퓨팅 자원을 가상화 기술로 통합해 제공하는 기술을 말한다. 클라우드로 표현되는 인터넷상의 서버에서 데이터 저장, 처리, 네트워크, 콘텐츠 사용 등 IT 관련 서비스를 한 번에 제공하는 혁신적인 컴퓨팅 기술인 클라우드 컴퓨팅은 '인터넷을 이용한 IT 자원의 주문형 아웃소싱 서비스'라고 정의되기도 한다.

따라서 사용자는 각종 단말기에 소프트웨어의 설치가 불필요하여 하드웨어를 단순화할 수 있고 사용자는 소프트웨어를 구매할 필요가 없으며 보안패치를 하거나, 소프트웨어를 업그레이드하는 등 별도의 관리도 할 필요가 없게 되므로 그러한 전산관련 기기 및 소프트웨어를 관리해야 하는 전산 전문요원도 필요 없게 된다.

PC에 자료를 보관할 경우 하드디스크 장애 등으로 인하여 자료가 손실될 수도 있지만 클라우드 컴퓨팅 환경에서는 외부 서버에 자료들이 저장되기 때문에 안전하게 자료를 보관할 수 있고, 저장 공간의 제약도 극복할 수 있으며, 언제 어디서든 자신이 작업한 문서들을 열람·수정할 수 있다.

책 글쓰기와 관련된 클라우드/모바일 기술의 발전

이런 사물인터넷 서비스가 가능해지기 위해서 기본이 되는 기술이 바로 음성인식 기술이다. 사람이 어떤 말을 하면 그것이 뜻하는 바가 무엇인지를 명확하게 인식해야 할 것이다. 음성인식 기술이란 사람이 말하는 음성을 인식하는 기술이다. 현재까지의 기술로는 핸드폰에 말할 때 제법 정확하게 말해야지만 완벽하게 인식한다. 이 인식하는 정확도는 과거에 비해서는 비교가 되지 않을 만큼 높아졌기 때문에 핸드폰에 상용화된 것이다. 그런데 앞으로는 머지않은 장래에 졸린 듯한 목소리로 말해도 로봇 등 사물이 제대로 알아듣고 행동에 옮기는 시대가 올 것이다. 따라서 지금은 이 기술을 효과적으로 활용하기 위해서는 아나운서가 되고 싶은 사람이 아니라 할지라도 평소에 말을 분명하게 하지 않는 사람들은 핸드폰에서 음성인식 기술을 활용하는 데 있어 훈련이 필요하다.

특히 책 글쓰기 관련해서 가장 큰 발전을 가져 온 기술이 이 음성인식 기술과 함께 문자인식기술과 음성합성기술이다. 문자인식기술이란 문자를 읽고 그것을 음성으로 표현해 주기 위해서 그 문자가 뜻하는 것이 무엇인지를 인식하는 기술이며 음성합성기술이란 그렇게 이해된 문자를 음성으로 표현해 주는 기술을 말한다.

음성인식 기술이란 컴퓨터가 마이크와 같은 소리 센서를 통해 얻은 음향학적 신호를 단어나 문장으로 변환시키는 기술을 말하는데 이 기술은 최근 커다란 발전을 하여 이제는 그 정확도가 매우 높아 각종 핸드폰에 본격 활용되기 시작했다. 이제는 독자들이 많이 활용하고 있는 카카오톡이나 메시지 등 서비스에 일일이 손가락으로 힘들게 문자를 입력할 필요가 없다. 핸드폰에 말을 하면 바로 문자화시켜 주고 문자화된 것들을 편집하면 반대로 그 문서를 읽어 주며 그 읽는 속도도 조절할 수 있다. 통상은 읽는 것보다 듣는 것이 그 내용에 대한 이해도를 훨씬 더 높여 준다.

책을 보거나 신문을 읽거나 여행지를 방문하거나 강연을 듣다가 참고가 될 만한 중요한 내용을 발견하게 되는 즉시 사진을 찍어둔 것들, 과거에 중요한 내용을 스캔해 둔 것들 모두 그 이미지를 문자화시켜 주며 그 문자화된 것들을 바로 문서로 저장하며 그런 문서들 중 일정 부분에는 말로 추가 설명을 해 주면 그 부분에 음성이 문자로 추가되어 편집한 다음 새로운 자료를 조립하여 만들어낼 수 있다.

그리고 번역기술도 엄청나게 발전하였다. 나는 지금 400쪽 정도인 한글로 된 책자를 영어로 번역하고 있다. 올해 1월에 구글 번역기Google Translate를 시험해 보고 깜짝 놀랐다. 2년 전에 활용해 보고는 그 기능이 그리 탐탁지 않아 잘 활용하지 않고 주로 네이버 사전을 많이 활용하고 있던 차에 한번 시도해 본 것이다. 작년 말부터 네이버 파파고Papago와 한컴의 지니톡GenieTalk도 활용해 본 일이 있었다. 그런데 그 번역 실력이 대단했다. 일상생활에서 서로 대화하는 데에는 전혀 지장이 없을 정도로 훌륭했다. 책자의 경우는 물론 많은 수정보완이 필요하다. 그러나 내가 직접 예전과 같은 방법으로 번역을 했더라면 과연 얼마나 더 많은 시간이 걸렸을까를 상상해 보면 비교도 되지 않는다.

이제 한국말로 하면 104가지 언어로 순식간에 번역해 주고 53가지의 언어는 예쁜 음성으로 말해 주기까지 한다. 책 글쓰기를 하는 사람은 여행도 많이 다니게 된다. 이제 세계 어디라도 여행지에 가서 핸드폰에 한국말로 가고 싶은 장소를 이야기하면 가는 길을 상세하게 보여 주고 걸으면 얼마나 걸리는지 또는 각종 교통편에 따라 걸리는 시간, 가는 방법을 상세하게 안내해 줄 뿐 아니라 그 안내대로 걸어가면 자기가 어디에 와 있는지를 따라가 주기 때문에 이태리 로마와 같이 굉장히 복잡하고 까다로운 길에서도 절대 길 잃을 걱정을 하지 않아도 된다. 그리고 어디에 있든지 '맛 집'이라고 말하면 가장 근처에 있는 맛 집들의 리스트를 알려주고 신뢰도가 높은 평가기관이 알려주는 그들 식당에 대한 평가를 바로 알려주거나 사전 예약을 바로 할 수 있도록 도와준다. 다 한국말로 하면 된다.

이런 기술들은 책과 글쓰기를 하는 사람들에게 과거에는 수 시간 이상 걸리던 여러 가지 작업들을 단지 수 분 만에 해 낼 수 있도록 도와준다. 요즈음 내 집사람은 나에게서 이런 기법들을 일부 배워서 친지들을 만날 때 활용하는데 제법 인기가 높다고 좋아한다.

우리나라는 클라우드 기술에서 매우 후진국

우리나라는 매우 복합적인 요인들로 인해 인터넷 강국이라고 자부하면서도 현재 이 세상을 지배하고 있는 클라우드 기술에 있어서는 너무나도 낙후되어 있다. 하드웨어적인 요소로는 어느 나라에 비해서도 뒤떨어지지 않지만 실제 그 하드웨어를 활용해야 할 소프트웨어 측면에서는 너무나도 뒤떨어져 있다. 세계적으로는 현재 각 분야별로 엄청난 수의 클라우드 어플리케이션들이 개발되어 있지만 우리나라에서 개발된 것은 거의 찾아볼 수가 없다.

나는 앞에서 설명한 최근 기술들을 지난 10여 년 내가 운영하던 회사 업무와 내 개인적으로 꾸준히 활용해 온 사람이다. 그런데 이런 모든 기술들의 지난 1년간의 발전 속도는 그야말로 눈부시다. 앞으로의 발전 속도는 더 빠를 것이다. 정말 기대가 되며 무서울 정도이다. 특히 책 글쓰기에 적용할 기법들은 2007년에 아이폰iPhone이 처음 출시되면서 이 세상을 바꾸어 놓았듯이 최근 1~2년 사이에 정말 세상을 바꾸어 놓았다. 그런데 우리나라 사람들은 특히 클라우드에 관한 한 많은 오해를 하고 또한 그로 인해 최근 기술들의 엄청난 효과를 전혀 알지 못하고 활용하지 못하고 있다. 나는 이 기법들의 혜택을 가능한 한 많은 사람들이 함께할 수 있도록 서둘러서 최대한 열심히 이 책자를 준비했다.

몇 가지 클라우드에 대한 일반인들의 잘못된 인식에 대해 이야기해 보자. 많은 사람들이 클라우드 시스템을 이용하면 자료를 사용하기는 편하지만, 시스템이 잘못되면 자료를 잃어버릴지도 모른다는 우려를 한다. 이것은 기우이다. 세계적인 클라우드 솔루션들은 단어 한 글자를 입력할 때마다 여러 군데의 데이터 센터에 중복 저장하며 한 데이터 센터 안에서도 문서를 끊임없이 이동시키면서 복제시키기 때문에 데이터 센터 한 군데에서 문제가 생긴다 할지라도 그 문서가 유실될 염려는 없다.

또 한 가지 잘못된 인식은 회사의 중요한 데이터를 외부에 맡기면 보안상 위험하다고 생각한다. 역시 잘못된 생각이다. 여러분들이라면 큰 금액의 현금이나 값비싼 보석 등 귀중품들을 여러분이 직접 비싼 값을 지불하고 구입한 금고에 보관하겠는가, 아니면 안전이나 편의성을 고려해서 은행 통장이나 은행 금고에 보관하겠는가? 답변은 당연하다. 은행의 금고와 통장이다. 그러면 언제든지 필요할 때마다 인터넷 뱅킹이나 폰뱅킹으로 자신의 현금을 편리하게 처리하거나 또는 자주 활용하지 않는 보석 등 귀중품의 경우는 은행 금고에 맡겨 놓았다가 꼭 필요할 때에만 은행 금고에서 찾아 사용할 것이다.

이것이 바로 클라우드 컴퓨팅과 같은 구조이다. 이처럼 회사의 데이터를 회사의 서버에 저장하기보다 보안상으로 비교할 수 없을 만큼 안전한 제3의 대형 인터넷 데이터 센터를 활용하고 있는 클라우드 제공자에게 맡겨야 훨씬 더 안전할 것이다. 만일 지금도 보유하고 있는 현금을 전부 집에 있는 금고에 보관하여 처리하고 있는 사람이 있다면 혹시 그가 불법적인 의도를 가지고 있거나 사람들로부터 바보 취급을 받을 것은 당연한 일인데도 유독 클라우드에 관해서는 우리나라의 경우 개인정보보호법 등 여러 가지 복합적인 이유들로 인해 잘못된 편견을 가지고 있다.

그렇게 보수적인 중국에서도 정부에서 인터넷에 관한 한 모든 규제를 풀어 텐센트, 알리바바와 바이두 등 클라우드와 모바일 기술을 활용한 정보 시스템 기업들이 세계 굴지의 인터넷 기업으로 성장했음에도 우리나라 굴지 재벌들의 정보 시스템 회사들은 사업성 부진을 면치 못하고 있다. 우리나라에서는 정치적인 이유로 우버를 법적으로 제한하여 국내 택시 업계를 보호하고 있지만 중국에서는 오히려 그러한 규제 없이 자국 내 디디추싱이라는 회사가 자체적으로 크게 성장하여 우버를 중국에서 몰아내고 자산 가치 33조 원의 회사로 성장하였다. 이것도 클라우드 모바일 기술이다.

그림3-4: 디디추싱이 세계적인 우버를 중국시장에서 쫓아내었다

그림3-5는 KCERN의 이사장을 맡고 계시는 이민화 KAIST 교수가 발표한 자료를 인용한 표이다. 전 세계의 민간 부문만이 아니라 공공기관을 모두 포함한 조직들의 모든 데이터 중 클라우드에 저장되어 있는 데이터가 이미

80%를 넘었는데 인터넷 강국이라고 하는 우리나라의 경우는 현재 1% 정도밖에 안 되는 후진국 중에서도 가장 후진성을 면치 못하고 있는 창피한 상황이라고 한다.

우리나라는 이 클라우드의 문제 때문에 망해가고 있다고 표현하는 식자들도 많다. 온 세계가 클라우드, 모바일 및 빅데이터 기술로 엄청난 발전을 거듭하고 있는 이 때 우리나라 기업들은 "분석할 데이터가 없는데 무슨 빅데이터 분석을 합니까?"라고 반문하고 있는 것이 현실이다. 여러 가지 복합적인 이유가 있는데 가장 우선적으로 정부에서 클라우드에 관련된 각종 규제를 과감하게 풀어야 한다. 그런데 정부에서 이 부문에 있어 지지부진하다고 해서 민간부문마저 뒤처져 있어서는 안 된다.

나는 특히 책 글쓰기 하는 사람들은 이런 어처구니없는 상황 속에서도 클라우드의 강점을 최대한 활용하여 자신감을 얻고 또한 단기간 내에 그 효과를 최대한 얻을 수 있도록 돕고 싶다.

그림3-5: 4차 산업혁명의 첫 단추는 클라우드 데이터이다.

세계는 지금

클라우드 데이터

80% 이상

인공지능
예측·맞춤

공공
데이터

민간
데이터

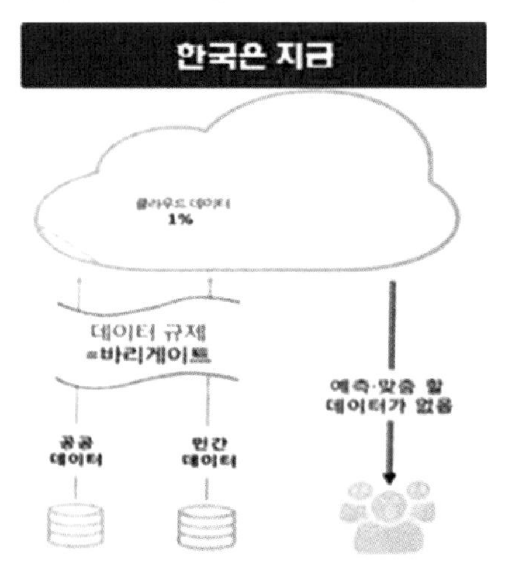

자료원: KCERN

핸드폰만으로 단기간 내에 책 글쓰기 정복

핸드폰에서 활용하고 있는 각종 앱들은 모두 클라우드 컴퓨팅 기술을 활용하고 있다. 클라우드는 인터넷 기반의 컴퓨팅 기술을 의미한다. 따라서 클라우드라고 하면 모바일과 함께 따라 다니는 동족으로 생각해도 된다. 포노 사피엔스Phono Sapiens는 모바일을 활용하는 스마트 신인류로 번역되는데, 이들이 주로 사용하는 기술이 클라우드 기술이다. 2015년도의 전 세계 인구는 72억 명이었는데 그중에서 약 28%인 20억 명 가량이 스마트폰을 사용했으며, 2020년의 전 세계 인구를 76억 명 정도로 예상하고 있는데 그중에서 약 79%인 60억 명 가량이 스마트폰을 활용할 것으로 예상하고 있다. 물론 언젠가는 스마트폰이 모두 로봇 등 다른 사물인터넷 서비스로 대체가 되겠지만 향후 몇 년간은 스마트폰이 이 세상을 지배하게 될 것이다. 이제는 PC를 사용하는 것보다 스마트폰을 사용하는 것이 더 많은 기능을 더 쉽고도 훨씬 효과적으로 활용할 수 있는 시대에 살고 있다. 이제 스마트폰을 제대로 사용하지 못하는 사람들은 시대에 크게 뒤떨어진 사람 취급을 받게 될 것이다.

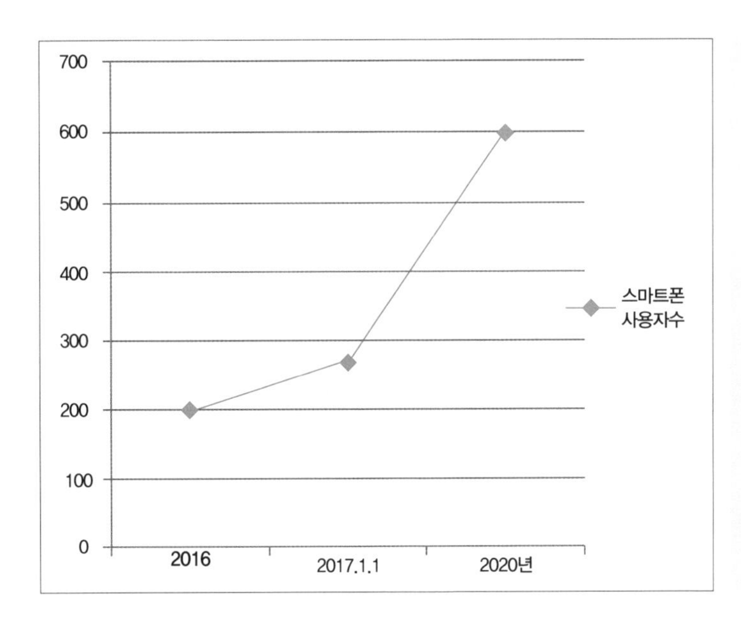

표3-4:
스마트폰 사용자
수의 증가 추이

독자들은 삼성 핸드폰 이외에도 여러 가지 폰을 사용하고 있을 것이다. 그러나 이 책자에서 모든 핸드폰 종류들을 위한 스크린샷이나 수십만 가지 이상이나 되는 각종 앱을 다룰 수는 없기 때문에 국내에서 가장 많이 활용하고 있는 삼성 핸드폰에서 활용할 수 있는 앱들과 스크린샷을 활용하여 설명하고 있음을 양해해 주기 바란다. 그러나 이 책자에서 소개하는 대부분의 앱들은 어느 기종에서나 활용할 수 있는 앱들이기 때문에 다른 종류의 핸드폰을 보유하고 있는 독자들은 이 점을 이해하고 원용하여 활용해 주기 바란다.

이제까지 모든 사람들이 문서 작성에 주로 활용해 왔던 PC용 마이크로소프트 오피스나 아래한글의 영향력은 대단했다. 거의 모든 문서 작성에서 아래한글이나 마이크로소프트의 워드, 엑셀, 파워포인트 등 오피스 기능이 사용되지 않는 분야가 없었다. 그런데 우리가 요즈음과 같은 급변하는 환경에서 생산성을 높이기 위해서는 첫째, 일하는 장소에서 자유로워질 수 있어야 한다. 둘째, 자료가 어디 있는지, 또는 누가 만든 것인지에서 자유로워야 한다. 셋째, 자료를 보거나 확인하는 것에서 더 나아가 어디에서든 작업할 수 있어야 한다. 넷째, 자료를 작성하는 디바이스에서 자유로워야 한다. 다시 말해, PC이든, 노트북이든, 태블릿컴퓨터든, 핸드폰이든 어떤 종류의 디바이스에서도 작업이 될 수 있어야 한다. 이제는 이런 방식으로 생산성을 높이는 모습이 더 이상 허상이 아니고 실제 활용이 가능한 시대에 살고 있다.

일반적으로 핸드폰에서 사용자들이 활용하는 앱들은 모바일 앱이라고 부른다. 그러나 나는 클라우드 기술이 이 세상을 지배하고 있는 현 상황에서 클라우드의 중요성을 보다 더 강조하고, 우리나라가 특히 클라우드 기술과 관련한 많은 편견들로 인해 클라우드 전반에 걸쳐 주변국들에 비해 너무나 뒤처져 있다는 점을 부각시키기 위해 모바일 앱이라는 용어 대신 클라우드 앱이라고 표현하고자 한다. 이 책자에 소개하는 모든 세계적인 클라우드 앱의 경우는 기능을 끊임없이 개선하고 있지만 사용자가 그 시스템을 효과적으로 사용하기 위해 별도로 해야 할 일은 앱 업그레이드다. 여러분들이 핸드폰에서 사용하는 각종 앱들을 업데이트하듯이 똑같이 업데이트한 후 그 개선된 기능들을 활용하기만 하면 된다.

언제 어디서나 어떤 디바이스로든 스마트 워킹Smart Working

구글의 클라우드 앱스는 장소나 기기에 구애받지 않고 언제든지 작업이 가능하도록 개발되어 있다. 회사나 집의 PC에서 PC툴인 한글이나 마이크로소프트 오피스를 활용하여 작업하다가 완성하지 못한 문서가 있다면 퇴근하다가 지하철 내에서 핸드폰으로 그때까지 작업된 문서를 그대로 활용하여 수정·보완할 수 있다. 어떤 문서를 여러 명이 협업해서 완성해야 한다면 과거와 같이 다른 사람들이 작업한 것들을 모두 한 PC로 모아서 누군가 한 사람이 별도로 취합하지 않아도 협업하는 사람들이 각자 어디서든, 언제든 실시간으로 구글 문서를 활용하여 함께 수정을 하거나, 아니면 구글 문서의 SNS(댓글) 기능을 활용하여 서로 간에 수평적으로 의견을 나누면서 충분한 협의를 거친 후, 문서 관리자 한 사람이 대표로 최종 확정하는 작업을 수행할 수 있다.

지역적으로 떨어져 있는 사람들과 함께 상의해야 하는 일이 있다면 '구글 행아웃'을 통해서 언제 어디서나 영상 토론을 할 수 있다. 클라우드 기술 때문에 해변에 놀러 가서도 갑자기 필요한 중요한 회의에 참여할 수 있다. 예시를 하나 들어 보자. 어떤 사람이 와이파이가 작동되는 비행기를 타고 이동하는 중에 협력자로부터 문자가 왔다. 갑자기 문제가 생겼으니 도와달라는 내용이었다. 그 협력자는 행아웃 기능을 통해서 문서 하나를 보여 주었고, 마침 그때 비행기에 타고 있던 사람이 그 일을 도울 수 있다고 판단한 다른 한 사람을 행아웃에 참여시켜 협력자가 도움 요청 시 보낸 문서를 함께 넘기면서 동영상 회의를 한다. 다시 좀 더 깊이 있는 협의가 필요해서 그 문제와 결부된 또 다른 사람을 행아웃에 참여시킨다. 그렇게 간단히 영상회의를 한 후 30분 정도의 영상 회의를 통해 결론을 내린다. 이것은 어느 영화에 나오는 장면이 아니고 현실에서 당장 적용이 가능한 회의 진행의 모습이다. 그것도 무료로 제공되는 앱을 활용해서 말이다. 우리는 다만 그 강점을 알지 못하거나 느끼지 못하기 때문에 활용하지 못하고 있을 뿐이다.

음성으로 문서 작성

최근 삼성전자에서 핸드폰 앱으로 제공하고 있는 'S보이스'와 네이버가 최근에 발표한 클로바의 기능도 제법 대단하다. 핸드폰에 "독일 시간" 하면 현재의 독일시간을 음성으로 알려주고, "김○○ 전화해." 하면 그 사람에게 전화를 걸어 주고, "속초 맛 집" 하면 속초에 있는 맛 집 리스트가 나오면서 현재 내 위치로부터 거리가 나타나고 전화를 바로 걸 수 있도록 안내해 준다. "지금 기온" 하면 자기가 있는 지역의 온도를 말해 준다. "내일 10시에 알람" 하면 그 시간에 알람을 설정해 준다. iPhone의 시리Siri 기능도 핸드폰 하단에 위치한 스톱 버튼Stop Button을 두 번 누르면 작동하는데 삼성의 S보이스와 같은 기능을 수행한다.

삼성전자에서 제공하는 '음성녹음'이라는 앱은 음성으로 말하는 대로 바로 문자화해서 기록을 남길 수 있게 해 준다. 이 앱은 꼭 기록을 해야 하는 강연이나 또는 이벤트가 있을 때 녹음을 할 수 있는 상황이 된다면 그 앱을 켜 놓고 그 모두를 녹음하여 즉시 문자화할 수 있다. 내가 컨설팅하고 있는 회사에 꼭 기록을 남겨야 하는 중요한 회의가 있을 때 단순히 녹음을 해서 보관하지만 말고 핸드폰에 이 음성녹음 기능을 활용하여 녹음해 두면 녹음되는 즉시 문자화되니 녹음기록과 문서기록을 한꺼번에 보관할 수 있어서 도움이 될 것이라고 조언해 주었다.

사진이나 스크린샷으로 문서 작성

나이 든 사람들은 아직도 신문을 읽는 사람들이 많다. 신문을 읽고 관심 있는 기사를 발견했을 때 바로 핸드폰으로 그 부분을 사진 찍어두기만 하면 그 기사가 바로 문자로 변환되어 기초 자료로 저장해 놓고 관리할 수 있다.

얼마 전에 용문사에 가는데 농업박물관이 있어 들어가 보았다. 그랬더니 그곳에 내가 평소에 알고 싶었던 우렁이 농법에 관한 내용이 상세히 적힌 표구가 걸려 있었다. 나는 오피스 렌즈Office Lens 앱을 열어 사진 찍었다. 그 사진은 바로 문자로 변환되어 내가 활용하고 있는 클라우드 공간에 '우렁이 농법_170324_용문농업박물관'이라는 제목으로 저장되어 있다. 언젠가 그 자료가 필요할 때 내가 핸드폰에 '우렁' 정도까지만 입력하는 즉시 핸드폰은 이 자료를 찾아 줄 것이고 그 제목을 통해 자료가 언제 어디에서 얻은 자료인지 출처를 알게 된다. 그것도 '우렁'이라는 키워드도 손가락으로 입력하는 것이 아니라 말로 하면 된다.

나는 얼마 전에 인간개발연구원에서 주최하는 마이다스아이티의 이형우 대표의 조찬 강연에 참석했다. 그날 배포된 인쇄물에 없는 중요한 문구가 슬라이드에 소개되는 것이었다. 나는 주저 없이 사진을 몇 장 찍어 놓았다. 그 사진들은 그 조찬이 끝나고 지하철에 타고 이동하던 중 바로 문자로 변환시켜 '마이다스아이티 강의_170202_HDI'라고 내 클라우드 자료실에 저장하였다.

책을 읽다가 특별히 참고해야 할 부분이 나오면 오피스 렌즈 앱을 열어 바로 사진을 찍는다. 그러면 그 부분 역시 바로 문서화해 주고 찾기 쉬운 제목과 책자 이름과 쪽수, 자료 획득 일시 또는 책자 발행 일시를 제목에 포함한 후 내 클라우드 자료실에 보관해 둔다. 그리고 별도로 그 책자에서 사진으로 문서화된 부분을 모두 모아두면 바로 나를 위한 그 책자의 요약본이 된다.

카톡을 읽다가 친구가 보내 준 내용 중 참고할 만한 내용이 있어 복사하여 구글 문서에 붙여넣기 한 다음 내 클라우드 자료실에 저장한다. 그리고 4차 산업혁명에 관련되는 자료를 얻고 싶어 핸드폰에 S보이스나 클로바를 열고 '4차 산업혁명'이라고 말하면 바로 네이버로 들어가 많은 자료들을 리스트업해 준다. 나는 그중에서 필요한 부분을 찾아 역시 복사해서 구글 문서에 같은 방법으로 제목을 달아 저장한다. 또 다른 추가 자료를 얻기 위해 구글에 들어가 '4차 산업혁명'이라고 말하면 역시 참고 내용들을 리스트업 해 주고 그중에서도 필요한 부분을 찾아 복사해서 구글 문서에 저장해 둔다. iPhone의 시리Siri 기능을 사용해 보기 바란다.

PC에서 동영상이나 스크린 캡처

요즈음은 엄청난 숫자의 참고가 될 만한 동영상들이 넘쳐난다. 유튜브YouTube, 테드TED, 네이버, 다음, 각종 매스미디어 TV들, 그리고 카톡이나 밴드 등을 통하여 전해지는 동영상들을 말한다. 나는 이들 중 관심이 있을 만한 동영상은 일단 전체 내용을 들어보는데 듣는 중에 관심 있는 부분의 시작 시간과 종료 시간을 적어 놓는다. 그래서 복사가 필요한 부분의 시간이 언제부터 언제까지인지를 파악해 놓은 다음 오캠oCam을 활용한다. 오캠은 핸드폰용도 있으나 활용하기 불편해서 PC나 노트북에서만 활용하고 있다. 오캠은 자기가 상기 모든 종류의 동영상 중 필요한 부분만을 발췌하여 녹음을 할 수 있도록 도와준다. 발췌하여 녹음한 것은 역시 내 클라우드 자료실에 보관한다.

간혹 PC 작업을 하다가 만나게 되는 복사하기 곤란한 문서를 발견하는 경우들이 많다. 이 경우 지체 없이 오캠을 열어 캡처 기능을 활용하여 필요한 부분만을 이미지로 복사한 다음 클라우드 자료실에 저장한다.

설문조사

책자를 내기 위해서는 많은 경우 설문조사가 필요하게 된다. 과거에는 설문조사 한 번 하려면 엄청난 수고와 비용이 뒤따랐다. 그러나 이제는 간단하다. 구글 드라이브 PC버전에서만 가능한 작업인데 각종 질문 양식을 구글 설문서에서 지시하는 대로만 따라 하면 수십 개의 질문 항목도 잠시 사이에 만들어 낼 수 있다. 그렇게 작성한 설문서를 수십 명이 되든, 수백 명이 되든 카톡이나 페이스북Facebook 등에 올려놓으면 그 받은 사람들이 답신하는 대로 답신한 사람들의 리스트를 스프레드시트로 취합해 주고 각 질문에 대해 통계를 원 그래프로 보여 주며 점수들에 대한 분석표를 즉시 보여준다.

앞으로 설문조사하는 회사들이 사업하기가 어려울 것 같다. 이 설문조사 결과는 별도로 내 클라우드 자료실에 보관한다.

클라우드 저장 공간 활용

통상 동영상은 데이터의 양이 매우 크다. 그러나 걱정하지 않아도 된다. 내 경우는 구글 드라이브(15GB 무상제공), 마이크로소프트 원드라이브(5GB 무상제공, 그러나 내 경우는 중간에 이벤트에 참여하여 현재 15GB를 무상으로 사용하고 있다), 드롭박스(2GB 무상제공, 내 경우는 벌써 10년가량을 사용했기 때문에 과거에는 15GB까지 활용하다가 최근 구글 드라이브를 주로 활용하면서 잘 사용하지 않아 현재는 5GB로 축소되었다), 네이버 클라우드(30GB 무상 제공) 등 4가지를 내 클라우드 자료실로 활용하고 있다. 네이버 클라우드의 경우는 내가 네이버 메일과 네이버 밴드를 활용하고 있기 때문에 그 용도로도 공간을 차지하겠지만 워낙 큰 용량을 무상으로 제공하고 있어 남아 있는 공간을 내 클라우드 사무실로 사용하고 있다. 물론 다른 모든 앱들이 클라우드 공간을 제공하기 때문에 내가 얼마나 더 많은 클라우드 공간을 사용하고 있는지 정확히 알 수는 없다. 그러나 내가 내 업무를 위한 클라우드 공간으로 활용하고 있는 용량은 메일과 밴드에서 사용하는 공간을 빼더라도 최소한 55GB는 될 것이다.

이 정도의 크기이면 이제는 더 이상 불편하게 USB나 외장 하드웨어를 가지고 다닐 필요가 전혀 없다. 나는 다른 회사들을 컨설팅하고 있기 때문에 할 수 없이 USB를 가지고 다닌다. 그러나 최근 들어 나 자신을 위해서 활용한 적은 한 번도 없다.

자료 검색

나는 책자를 만들기 위한 자료들은 모두 구글 드라이브에 저장한다. 구글이 가장 많은 앱들을 제공할 뿐 아니라 그 앱들이 연동되어 있고 큰 저장 공간을 무상으로 제공하기 때문이다. 그런데 또 한 가지 중요한 이유가 수많은 자료에 대한 제목관리만 잘하면 검색이 너무 용이하기 때문이다. 구글 드라이브는 검색을 위한 키워드의 일부만 쳐 주어도 자료들의 제목뿐 아니라 내가 구글에 저장해 놓은 자료들의 내용까지도 모두 검색해서 그 검색 키워드에 해당하는 자료들을 즉시 대령해 준다.

나는 대부분 중요한 자료들은 모두 클라우드 자료실에 저장하고 있지만 아직은 PC 내에 저장되어 있는 자료들도 제법 많다. 그런데 PC의 윈도우 기능만으로 필요한 자료를 찾아내는 데 한계가 있다. 나는 이제까지 에브리싱Everything이라는 PC 어플리케이션을 사용해 왔다. 네이버나 구글에 들어가 Everything을 찾으면 수많은 유사한 어플리케이션이 나와 혼동되지만 제공사가 Voidtool이라는 것을 참고하면 쉽게 찾을 수 있다. 에브리싱은 자료 제목의 키워드 한두 글자만 치면 내 PC 및 내가 활용하고 있는 클라우드 저장 공간을 모두 훑어 그런 제목을 가진 모든 문서들을 즉시 찾아준다. 내가 사용해 본 모든 검색 툴들 중에서 가장 빠르고 정확하다.

이 책자에서 다루게 되는 여러 가지 클라우드 앱들은 모두 이런 클라우드 컴퓨팅 환경을 활용한 소프트웨어인데 사용자들에게 무상으로 제공하는 앱들로서 독자들이 쉽게 배워 활용할 수 있는 것들이다. 다만 시중에는 워낙 많은 종류의 앱들이 무상으로 제공되고 있어 혹시 이 책자에서 소개하는 일부 기능들의 경우 보다 더 효과적으로 지원하는 다른 종류의 앱이 존재할 수도 있다. 그러나 내가 오랜 기간 활용해 오면서 검증해 본 결과 기능들의 통합성 내지 시너지 효과를 볼 때 훌륭하다고 판단한 무상으로 제공되는 앱들을 소개하고자 한다.

일반적으로 이 책자에서 소개하고자 하는 각종 클라우드 앱들을 활용하는 이외에도 자료를 수집할 수 있는 방법들은 많이 있었다. 특히 신문이나 방송 뉴스들도 이제는 인터넷을 활용하면 문자화된 자료들을 얻을 수 있다. 그리고 온라인 서적eBook을 읽게 되면 책자를 모두 읽지 않고도 요약본만 보더라도 쉽게 내용을 파악하고 또한 자신의 책자에 인용할 수 있게 되었다.

이런 내용들은 책을 많이 저작해 본 저자들이나 또는 저자가 되고자 원하는 제법 많은 사람들이 알고 있다. 신문, 책자, 방송, 유튜브, 네이버, 구글, 다음과 같은 검색 엔진들, 각종 세미나 등을 통한 자료 수집 등 수많은 방법들이 존재한다. 특히 외국과 관련된 외국어 자료들은 그 언어에 능통한 Native Speaker가 아니라면 일반적으로 쉽게 다루기가 어려운 자료들이었다. 그런데 문제는 이렇게 수많은 자료를 어떻게 정리하고 보관하고 특히 책자에 활용하기 위해서 어떤 방식으로 쉽게 찾아낼 수 있는지, 또한 이렇게 많은 자료들은 대부분의 경우 필요한 부분을 직접 번역하거나 일일이 PC나 노트북을 활용하여 텍스트로 입력하지 않으면 안 되었다는 것이 문제였다. 특히 나이가 많아 시력이 그리 좋지 않은 사람들에게는 해결이 쉽지 않은 문제였다.

그러나 앞으로 배우게 되는 각종 클라우드 앱 활용법과 책 글쓰기와 관련된 여러 가지 방법들을 통합하여 유용하게 활용할 수만 있다면 자료 수집, 분석 및 책과 글쓰기 원고를 작성하는 데 그 효과는 과거에 비해 비교도 할 수 없을 만큼 커질 것이며 책, 글쓰기를 마스터했다고도 할 수 있을 것이다. 그래서 핸드폰 하나로 책 글쓰기 도전임과 동시에 마스터이기도 하다. 이제 책 글쓰기의 과정에 따라 필요한 여러 가지 앱들의 기능을 배워보자.

책 글쓰기를 위한 각종 앱의 개요

이제까지 책 글쓰기를 위한 작업별로 소개했던 각각의 앱들에 대한 기능을 간략하게 소개하면 다음과 같다.

1. **구글 지메일:** 구글이 제공하는 이메일이다. 그런데 지메일은 이메일로서만 활용되는 것이 아니라 구글 앱들의 플랫폼으로 활용되므로 구글 앱들을 활용하기 위해서는 지메일에 필히 등록해야만 한다.
2. **구글 드라이브:** 구글이 제공하는 클라우드 저장소이면서, 구글의 여러 앱들을 관리해 주는 앱이다. 특히 PC용 앱에서는 구글 설문서를 작성하거나 구글 주소록을 관리하거나 이미지 데이터를 문자데이터로 변환시킬 수 있도록 실행해 주는 앱이다. 15GB까지의 클라우드 저장 공간을 무상으로 제공한다. 그리고 구글 드라이브에 저장되어 있는 각종 문서의 제목 및 그 문서의 내용에 대한 키워드 검색 기능을 수행하기도 한다.
3. **구글 문서:** 마이크로소프트 오피스의 워드나 아래한글과 같은 문서 작성 기능을 제공해 준다. 특히 말로 문서를 작성하거나 여러 사람들과 실시간으로 의사소통하면서 협업하는 데 매우 유용하다.
4. **구글 스프레드시트:** 마이크로소프트의 엑셀과 같은 기능을 제공하는데 책 쓰기와 관련해서는 일정 관리 정도 이외의 일에서는 크게 활용할 일은 없다.
5. **구글 프레젠테이션:** 마이크로소프트 파워포인트와 같은 기능을 수행하는데 구글 행아웃으로 여러 명이 동영상 회의를 할 때 큰 위력을 발휘한다.
6. **구글 행아웃:** 세계 또는 국내 각 지역으로 떨어져 있는 10명까지 동시에 대화 상대방의 본인 얼굴 및 주변을 동영상으로 보거나 또는 구글

프레젠테이션 슬라이드를 참여자 모두가 함께 보면서 회의를 할 수 있는 앱이다. 특히 이 앱을 활용하면 컨설팅을 위해 대상자를 직접 찾아가기 위해 이동하는 불편함 없이도 오히려 컨설팅을 더 효과적으로 실행할 수 있다.

7. **구글 번역:** 세계 각 나라의 104가지 언어로 번역을 해 주는 앱인데 특히 2016년 10월 이후로 장족의 발전을 하여 번역의 속도나 품질이 크게 좋아졌다.
8. **네이버 파파고와 한컴 지니톡:** 번역 앱으로서 특히 인근 지역 여행 시 동시통역 앱으로 활용하기에 매우 유용하다.
9. **마이크로소프트 오피스 렌즈:** 이미지를 사진 찍어 문서화하는 앱으로서는 가장 앞선 것으로 파악된다. 단, 이미지를 문서화하는 작업은 구글 드라이브에서나 구글 번역에서도 바로 실행할 수 있다.
10. **마이크로소프트 워드:** 이는 PC용이 아닌 핸드폰용 앱을 말하는데 오피스 렌즈로 사진을 찍거나 이미지를 가져오기만 하면 이 워드로 문서화시키고 저장할 수 있다.
11. **마이크로소프트 원드라이브:** 구글 드라이브와 같이 클라우드 저장소이다. 신규 회원들에게는 5GB까지 무상으로 제공하며 특히 오피스 렌즈에서 찍은 사진 자료를 자동으로 보관해 주는 역할을 담당한다.
12. **토크프리:** 문서를 음성으로 읽어주는 기능을 하는 앱인데 세계 언어들 중 71가지 언어로 읽어 준다. 자료 수집과 원고 작성 시 많이 활용되는 요긴한 앱이다.
13. **드롭박스:** 클라우드 저장소로 주로 활용되는 앱이다. 신규 회원들에게는 2GB까지의 공간을 무상으로 제공한다. 지속적으로 친구를 소개해 주면 최대 18GB까지도 무상으로 활용할 수 있다.
14. **구글 설문서:** 책자나 연구 논문 작성을 위해 필요한 경우 가능한 한

많은 사람들을 대상으로 설문조사를 해야 하는 경우들이 많은데, 작가 본인이 직접 설문서를 작성하고, 여러 가지 SNS를 활용하여 배포하며, 답변자들이 핸드폰에서 직접 설문서 양식에 잠시 시간을 내어 답변해 주기만 하면, 클라우드 서버에서 실시간으로 분석되어 분석결과를 답신 즉시 보여주는 솔루션이다. 이 솔루션은 구글 드라이브의 PC버전에서만 작동하도록 설계되어 있다.

15. **오캠:** 유튜브, 테드, 여러 동영상 매체 등에서 제공하는 수많은 동영상과 각종 이미지들을 복사하여 활용할 수 있도록 지원해 주는 솔루션이다.
16. **에브리싱:** 윈도우에서도 키워드 검색 기능을 가지고 있지만 활용함에 있어 완벽하지 못한 점이 있으나 에브리싱은 PC뿐 아니라 사용자가 활용하고 있는 각종 클라우드 저장 공간에 저장되어 있는 파일이나 자료까지도 키워드 검색이 가능하도록 지원하며 특히 검색 속도가 매우 신속하다.

그러면 본격적인 항해를 시작해 보자. 상기에 설명한 모든 기능들을 책 글쓰기 작업별로 하나하나 세부적으로 실습하는 과정이다.

PART 4

핸드폰으로 자료 수집하기 (I)

핸드폰 마이크 기능 사용법

독자들이 많이 사용하는 카카오톡과 메시지에서 음성을 활용하여 문자화하는 방법을 배운다.

그림4-1에서 보듯이 카카오톡을 활용할 경우를 보면 대화 상대방을 정하고 나면 첫 화면이 나타나는데 그 화면에서 문자를 입력하려고 하면 문자판이 나타난다. 문자판에서 '마이크' 아이콘을 누르면 나오는 새로운 화면에서 핸드폰에 원하는 메시지를 말로 하면 그것이 문자화된다. 그런데 만일 그 문자가 원하는 문자가 아니라면 틀린 글자 뒷부분에 손가락을 살짝 댄 다음 떼면 커서가 나타나고 문자판의 지우기 아이콘을 눌러 지우고 나서 문자판을 이용해서 고쳐 준 다음 그 메시지를 전송해 주면 된다.

문자판에 마이크 아이콘이 나와 있지 않은 사용자들은 자기가 가지고 있는 기종마다 좀 다를 수는 있지만 그 문자판의 좌하단에 보면 나와 있는 설정 아이콘을 지그시 2초가량 눌렀다가 떼면 새로운 화면이 나타나고 그 새 화면에서 마이크 아이콘을 선택하면 그때부터 같은 문자판을 활용하게 되는 모든 앱에서 마이크 아이콘이 설정 아이콘 대신 보이게 된다. 다시 말해 문자판을 고치는 순간부터 사용자는 핸드폰에서 음성으로 입력을 할 수 있게 되는 것이다.

혹시 삼성이 아닌 핸드폰을 활용하는 사용자는 이미 자판에 마이크 표시가 나타나 있거나 또는 설정과 유사한 아이콘들을 삼성 폰과 똑같은 방법으로 시도하면 찾을 수 있을 것이다. 혹시 여러 번 시도해도 실패하면 핸드폰 제작사 고객센터에 전화해 보라. 안드로이드나 iPhone 버전이 업그레이드를 하지 않았거나 기종이 오래된 것이라 이 기능이 실행되지 않을 수 있다는 점을 이해하기 바란다. 음성 문자화 기능을 사용하는 순간부터 여러분들에게 새 세상이 열린다.

처음 음성 녹음을 시도하는 사람은 혹시 숙달되지 않아 잘 틀리는 경우들이 발생한다. 그러나 걱정할 필요 없다. 사용자들이 아나운서가 되려 하지 않더라도 이제는 문명의 이기를 사용하기 위해서는 훈련이 필요하다. 처음에 잘 안 된다고 해서 포기해 버리면 영영 새로운 기술을 따라 잡을 수 없는 사람이 되고 말 것이다. 나이가 많은 사람도 이제는 절대 잘 못한다고 해서 그 일을 잘하는 사람에게 시키지 말고 하루 밤을 새는 한이 있더라도 자신이 직접 시도해 보고 터득해야 쏜살같이 달려가는 신기술을 따라 잡을 수 있다. 말을 정확하게 하는 연습을 하라. 그리고 어떤 문구가 음성 녹음에서 잘 적용되지 않는지를 알게 되면 점차 헛수고하는 시간을 줄이게 될 것이다. 그런데 중요한 것은 앞에서도 설명했듯이 앞으로는 졸린 사람이 이야기하듯이 적당히 말해도 이해하는 시대가 곧 오게 될 것이다.

그림4-1: 카카오톡에서 음성 녹음으로 메시지 작성하는 법

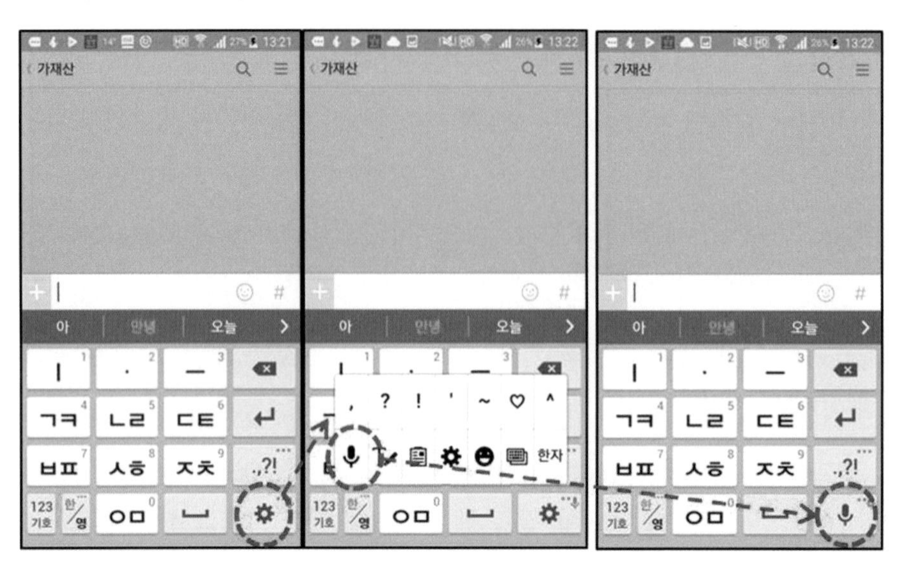

카톡에서 채팅 대상자를 선정하고 나면 나타나는 화면에서 문자를 입력하면 처음 나타나는 화면

좌 하단의 설정 아이콘을 클릭하면 나타나는 화면에서 마이크 아이콘 클릭

마이크 아이콘을 클릭하면 그 자리에서 말하는 대로 즉시 문자화됨. 다음 틀린 부분이 나타났을 때 그 뒷부분에 손가락을 약하게 대주면 커서가 나타나고 지우기를 한 다음 수정하고 나서 전송하면 됨

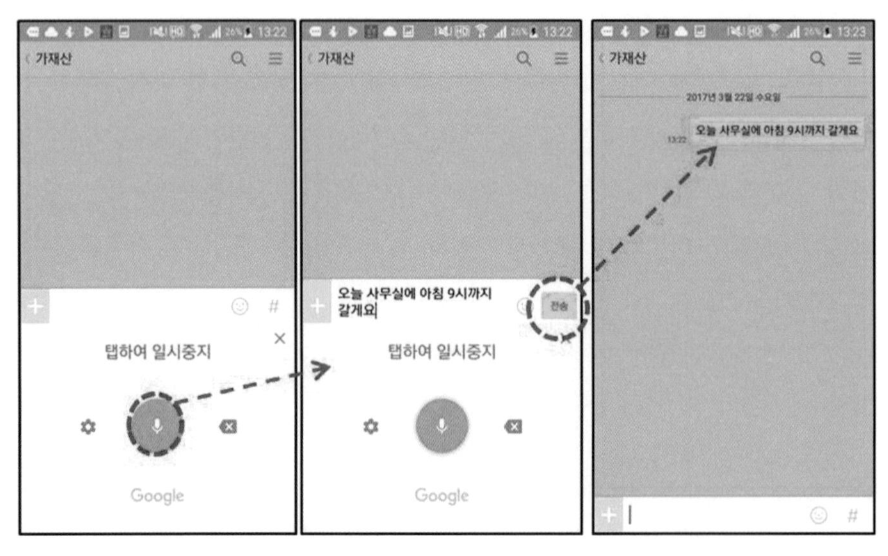

책이나 자료의 사진을 찍거나 이미지를 문서로 변환

마이크로소프트 계정 등록 방법

이 기능을 제공하는 앱 중에서 가장 탁월한 앱이 마이크로소프트 오피스 렌즈이다. 오피스 렌즈를 사용하기 위해서는 마이크로소프트에 계정 등록을 해야 하는데 만일 미리 마이크로소프트에 계정 등록이 되어 있지 않은 경우라면 다음과 같은 순서로 먼저 마이크로소프트에 계정 등록을 해야 오피스 렌즈를 활용할 수 있다.

그런데 통상 이 등록과정을 실행할 때 참을성이 필요하다. 잘못 입력하게 되면 여러 번에 걸쳐 다시 실행해야 하기 때문이다. 특히 어떤 계정을 로그인할 때 사용하는 계정명을 잘 기억하지 못하거나 암호를 잊어버리는 경우가 많기 때문에 여러분들은 항시 각 계정마다 계정명과 암호명을 나만이 찾을 수 있는 제목을 단 메모에 모두 기록해 놓는 것이 향후를 위해 도움이 된다. 그렇지 않으면 그 계정을 다시 찾아 들어가기가 여간 까다로운 것이 아니다.

그리고 특히 새롭게 계정 등록을 하는 경우에는 대부분의 앱들이 앱 제공사가 본인 확인을 하기 위해 이메일이나 메시지를 통해 본인확인 코드를 보내 주는 것을 등록화면에서 입력해 주어야 하는데 이때 꼭 알아두어야 하는 기법이 있다. 본인 확인 코드를 보냈다는 상대 앱 제공사의 내용이 화면에 뜨면, 핸드폰 화면 하단 중앙에 있는 스톱 버튼을 눌러서 일단 현재의 등록화면을 나갔다가 이메일이나 메시지에서 보내 준 코드를 확인하여 그 코드를 기록해 둔다. 그다음 다시 등록화면으로 돌아올 때 그 이메일이나 메시지를 끄지 않는다. 너무 오래 된 핸드폰이 아니라면 대부분 핸드폰 하단의 왼쪽을 누르게 되면 자신이 최근 활용한 화면들이 나타나게 되는데, 그중에서 바로 전 화면인 앱 등록화면을 선택하여 누르면 등록화면이 다시 나타나게 되는 것을 기억하라. 통상은 이 방법을 모르면 등록하는 데 매우 애를 먹게 된다.

그림4-2를 따라서 실습해 보기 바란다. 그리고 또 한 가지 팁은 영어 자판을 선택할 경우 하단부 좌측에 소문자와 대문자를 구분해서 입력할 수 있도록 하는 위 화살표가 나온다. 한 번 누르면 대문자가 되는 것은 모두 잘 아는데 그것을 두 번 누르면 대문자만 칠 수 있도록 되는 것은 잘 모른다. 일반적으로 그림4-2에서도 나타나 있듯이 본인확인을 위해 문자를 입력하도록 하는 입력란에는 대부분 대문자만으로 입력하도록 하는 경우가 많다. 이때 그 화살표를 두 번 눌러 대문자만 입력하도록 조치하면 편리하다.

그림4-2: 마이크로소프트 계정 등록 방법

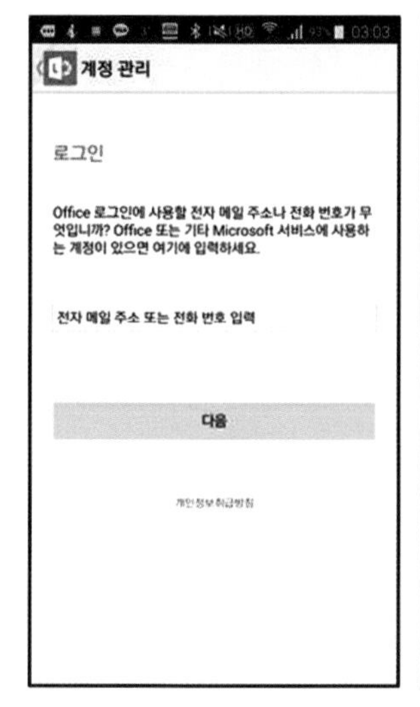

오피스 렌즈를 처음 사용하게 되는데 마이크로소프트에 이미 계정등록이 되어 있지 않다면 새롭게 등록을 해야 하며 만일 이미 등록이 되어 있다면 등록된 메일 주소를 쳐주기만 하면 시작할 수 있다.

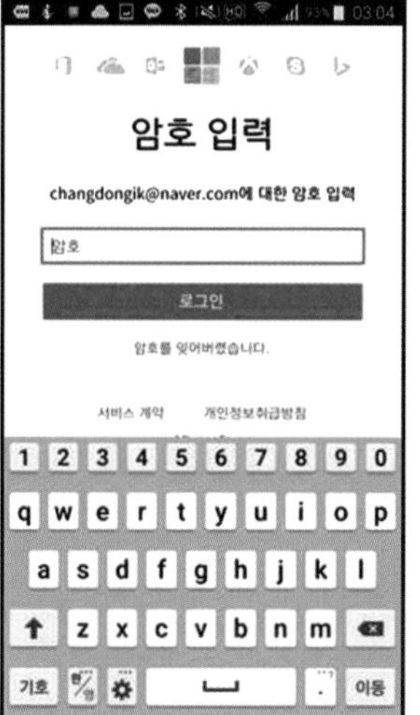

등록이 되지 않은 사람은 새롭게 등록해야 하는데 서비스계약이라는 버튼을 누른다.

요구하는 대로 입력을 하면 등록한 이메일 주소로 코드를 보내준다.

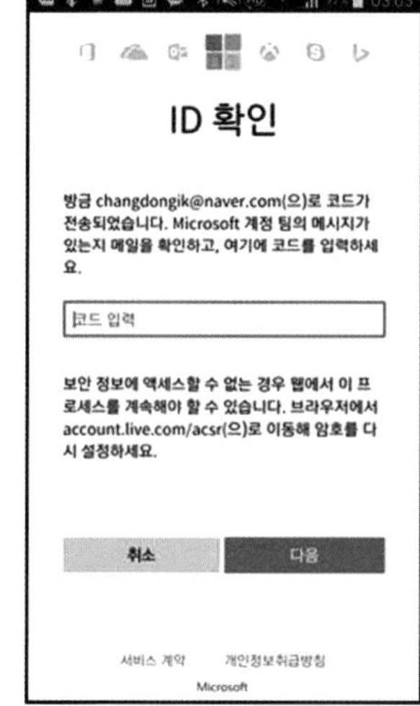

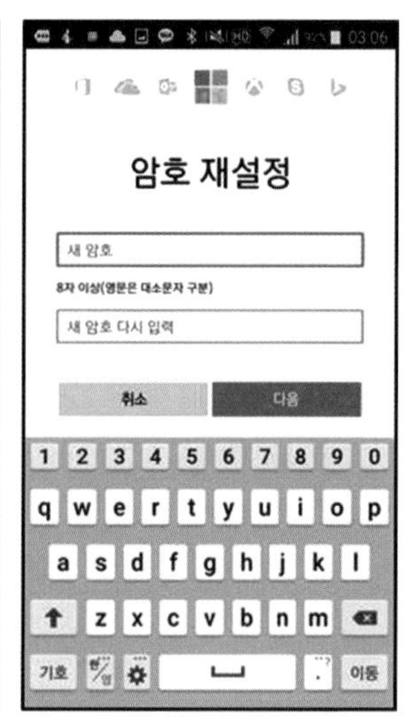

등록한 이메일에서 코드번호를 복사해서 옆 화면에 코드를 붙여넣기 한 다음 '다음' 버튼을 눌러주면 암호를 설정하도록 지시가 나오고 암호를 설정해 주면 등록이 마쳐지고 사용할 수 있게 된다.

오피스 렌즈 활용법

오피스 렌즈는 각종 인쇄된 문서나 문자로 된 어떤 종류의 실내외 설치물도 사진을 찍으면 그 안에 들어 있는 내용을 문자화시켜서 핸드폰용 마이크로소프트 워드, 엑셀, 또는 파워포인트로 변환시켜 준다. 그러나 실제 내 경험에서는 엑셀이나 파워포인트의 경우 큰 실효성을 거두기가 어려웠지만 워드의 경우는 막강한 힘을 발휘해 주었다. 그리고 앞으로 설명하게 될 마이크로소프트 원드라이브라는 클라우드 저장 공간에는 이 모든 작업들의 결과물들을 자동으로 저장해 준다.

그림4-3을 따라 실습해 보자.

오피스 렌즈를 켜면 사진 촬영기가 나온다. 핸드폰을 촬영하기 위한 대상물을 향하게 되면 핸드폰 화면에 흰색 사각형이 나타나게 되는데 그 사각형 내에 들어가는 내용이 문자화되는 것이다. 따라서 대상물 중 문자화하고자 하는 내용만큼 그 사각형을 잘 맞추어주는 것이 중요하다. 이때 빛의 정도가 매우 중요하기 때문에 어두운 곳에서는 플래시 기능을 활용하는 것이 좋다. 또는 빛이 일정하게 비추어지도록 조치해야 한다. 책을 촬영할 때는 책이 최대한 수평을 유지하도록 조치한 다음에 찍어야 한다. 책을 찍을 때는 처음에는 다른 사람의 도움을 빌려서 찍을 수도 있지만 숙달이 되면 혼자서도 잘 처리할 수 있게 된다. 훈련이 좀 필요하다. 책을 사진 찍을 때는 책 중간에 손가락으로 눌러 주어야 책이 적절히 펴지는데 그때 손가락이 포함되는 것을 걱정하지 말라.

사진을 찍고 나서 핸드폰 화면 아래쪽에 보이는 저장 버튼을 누르면 저장 화면이 나오는데 만일 대상물이 파워포인트 인쇄물이면 파워포인트를 선택하지만 책 글쓰기를 하는 사람들은 파워포인트를 활용할 일이 별로 없고 주로 워드를 활용하게 된다. 그리고 이 책자에서는 원드라이브를 배우게 되므로 저장할 때는 워드와 원드라이브를 선택하여 저장하라. 찍은 사진을 원드라이브에도 저장해 놓으면 나중에 잘못되어 삭제되는 경우 원드라이브에 들어가 다시 찾을 수 있기 때문이다.

제목 부위를 지그시 눌러 주면 그 문서의 제목을 달아 줄 수 있도록 커서가 생긴다. 그러면 원하는 제목을 입력할 수 있다. 이때에도 손가락으로 입력할 수도 있으나 우리가 이미 배운 대로 음성으로 입력할 수도 있다. 음성입력을 자꾸 활용해 보아야 생활화된다. 그리고 자주 틀려보아야 더 잘 활용할 수 있게 된다. 처음에는 오히려 불편하더라도 자꾸 활용해야 한다. 제목을 달아 줄 때는 향후 검색이 쉽도록 가능한 한 자세한 내용의 제목을 달아주고 자료를 획득한 일자와 장소 같은 것을 넣어주면 좋다.

다음 화면은 문서화된 리스트가 나오게 되는데 가장 위에 나타나는 것이 가장 최근에 찍은 것이다. 그것을 살포시 눌러주면 대상물의 이미지가 문서화된 문서가 나타나게 된다. 나는 오피스 렌즈를 활용한 문서 내용의 가장 윗부분에 필요한 경우 마이크 기능을 활용하여 말로 그 내용의 요약을 달아 주었다. 왜냐하면 그 문서가 구글 드라이브에 저장되고 추후에 구글 드라이브에서 키워드 검색을 할 때 적절한 키워드의 일부만 입력해 주어도 문서의 제목뿐 아니라 문서의 내용 안에서도 같은 키워드가 있을 경우 원하는 문서를 찾아 주는 친절한 기능이 있기 때문이다.

그림4-3: 인쇄된 문서나 실내 외 설치물을 직접 사진 찍어 문자화

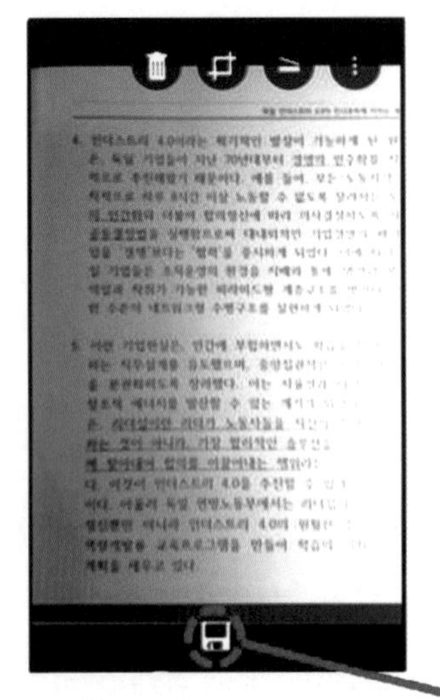

오피스 렌즈를 열고 해당 책자 쪽을 향하면 하얀 사각형이 나오게 되는데 그 사각형 틀을 잘 맞추어 찍으면 그 틀 안의 내용이 문서화됨

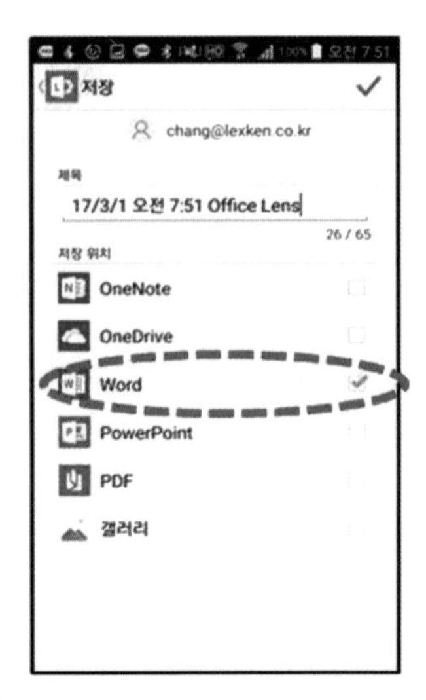

저장버튼을 누르면 저장방법과 제목이 나오는데 Word를 선택, 사진 찍은 것을 문서로 변환시켜 줌

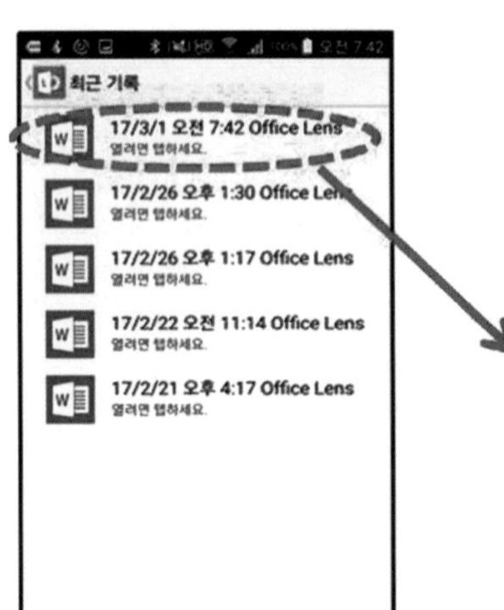

방금 저장한 파일이 가장 위에 나타나고 그 파일을 눌러주면 문서가 열림

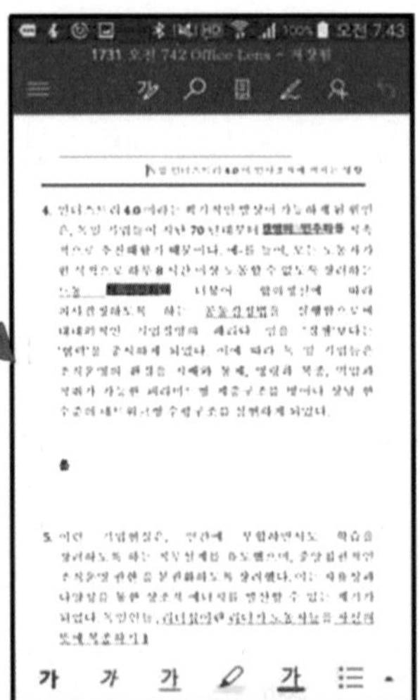

워드에 저장되어 있는 문서를 모두 선택하여 원하는 Evernote나 구글 문서로 저장하거나 필요 없는 부분은 지우고 필요한 부분만 복사하여 붙여넣기 하면 효과적이다

오피스 렌즈의 더욱 중요한 기능은 이미 사진을 찍어 놓았거나 핸드폰, 또는 클라우드 저장 공간에 저장되어 있는 모든 스캔된 문서들도 오피스 렌즈로 가져와서 문서화시켜 준다. 그림4-4는 오피스 렌즈에서 이미 핸드폰이나 클라우드 저장 공간에 있는 사진이나 스캔된 문서를 문자화시켜 주는 방법을 보여 준다. 문자화된 문서를 여는 방법은 그림4-3과 같다. 아래 사례에서 알 수 있듯이 가져올 수 있는 사진이나 문서는 핸드폰이든 다른 클라우드 공간에 있든 모든 서류 중에서 선택할 수 있어 매우 유용한 자료 수집 기능이다. 내 핸드폰에 있는 어떤 종류의 이미지도 모두 문서화할 수 있다는 것이 중요하다. 따라서 현재 내 핸드폰에는 없고 PC나 노트북에 들어 있는 이미지도 모두 문자화할 수 있다는 것을 잊지 말라.

PC나 노트북에 있는 이미지를 핸드폰으로 가져오는 방법은 여러 가지가 있는데 핸드폰을 PC나 노트북에 연결해서 바로 가져오는 방법과 PC나 노트북에서 필요한 이미지들을 구글 드라이브, 원드라이브, 드롭박스나 네이버 클라우드 등 클라우드 공간에 저장한 다음 아래 표에서 나오는 대로 구글 드라이브를 선택해서 가져 오거나, 아니면 메일을 통해 나 자신의 메일 주소로 보내어 저장하는 방법 등 다양하다. 그런데 이 책자에서는 가장 좋은 방법으로 PC나 노트북에서 클라우드 저장 공간으로 저장하는 방법을 추천한다. 그 방법은 그림4-4와 같다.

PC에 저장된 이미지 데이터 구글 드라이브로 옮기기

PC나 노트북의 탐색기에서 구글 드라이브에 옮기기를 원하는 PC나 노트북에 있는 사진이나 이미지를 선택하여 복사한 다음, 역시 탐색기에서 구글 드라이브의 원하는 폴더를 선택하여 붙여넣기 하고 나서 약 5분 정도의 시간이 흐르면 핸드폰의 구글 드라이브에서 그 이미지를 찾을 수 있게 된다.

그림4-4:
PC나 노트북에 있는 사진을
클라우드 공간에 옮기는 방법

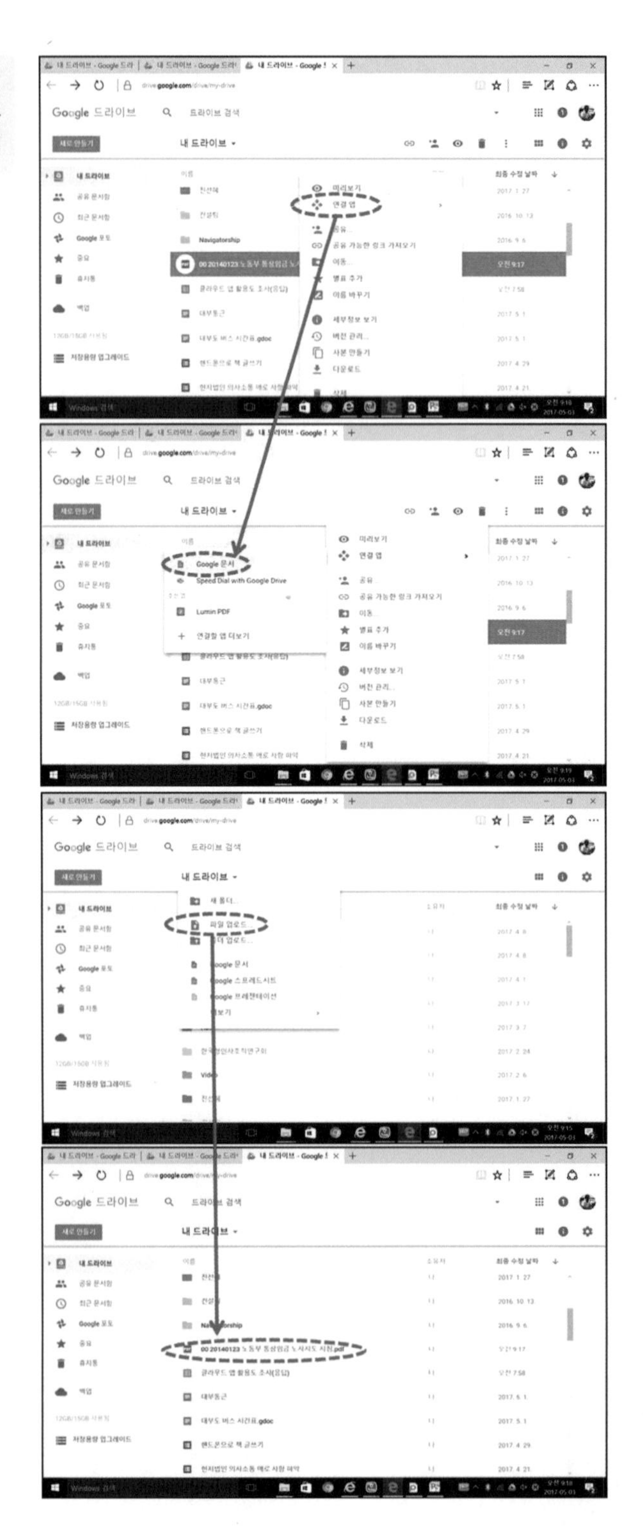

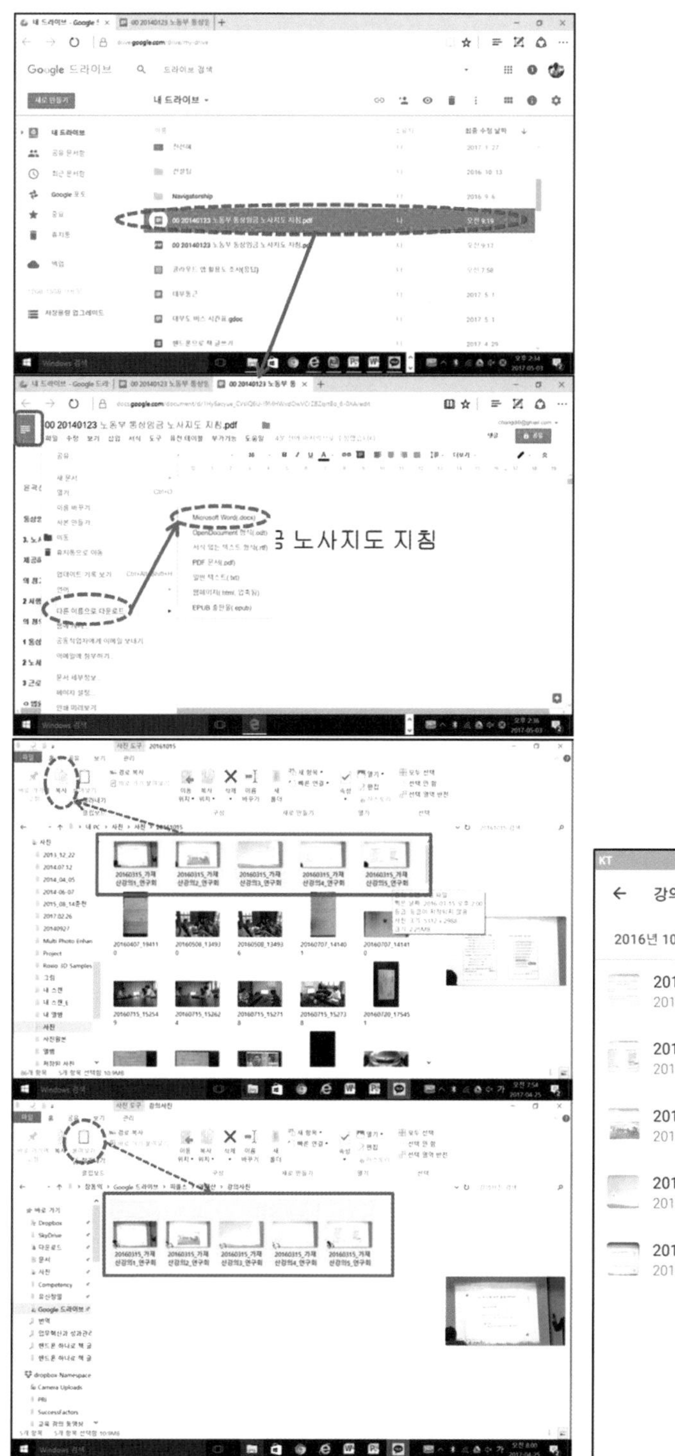
Google 드라이브
내 드라이브
00 20140123 노동부 통상임금 노사지도 지침.pdf
Microsoft Word(.docx)
다른 이름으로 다운로드
노사지도 지침

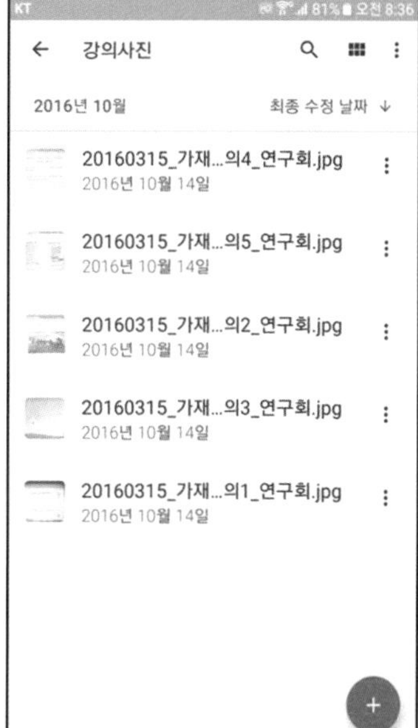
KT
81% 오전 8:36
강의사진
2016년 10월
최종 수정 날짜
20160315_가재...의4_연구회.jpg
2016년 10월 14일
20160315_가재...의5_연구회.jpg
2016년 10월 14일
20160315_가재...의2_연구회.jpg
2016년 10월 14일
20160315_가재...의3_연구회.jpg
2016년 10월 14일
20160315_가재...의1_연구회.jpg
2016년 10월 14일

다음 오피스 렌즈에서 핸드폰에서 가져올 수 있는 이미지를 가져와서 문서화하는 과정을 그림4-5를 따라 실습해 보자.

화면 상단 우측의 점 세 개를 누르고 가져오기 항목을 선택한다. 그러면 핸드폰 안에서 가져올 수 있는 여러 앱들이 나타나는데 내가 가져오고자 하는 이미지가 어디에 있는지를 우선 선택한다.

그다음은 그림4-3에서 설명한 사진을 찍어 문서화하는 방법과 똑같다.

만일 책의 중간부분을 사진 찍는 경우는 찍히는 쪽 면이 평평하지 못하고 둥글게 찍히게 되므로 그 둥근 부분을 펴 주는 작업을 해 주어야 문자화를 제대로 할 수 있을 것이다. 그림4-6은 둥글거나 찌그러진 이미지를 펴 줌으로써 잘못 변환되는 문자의 수를 줄여 주는 방법을 보여 준다. 이 경우 원본 이미지를 가져 온 후 화면 상단 중앙에 위치한 '문자화 범위 지정' 아이콘을 누르면 펴 주고자 하는 범위를 지정하도록 조정할 수 있는 흰색 사각이 나타난다. 그 흰색 사각의 코너를 이동시켜 네모반듯하게 잘 펴질 수 있도록 맞추어 주고, 또한 우측 상단에 위치한 '쪽 돌려주기' 아이콘을 눌러 쪽을 바로 세워 준 다음에 하단의 '조정' 체크 표시를 누르면 둥글게 굽혀진 부분을 최대한 펴 준 상태로 만들어 준다. 그 상태에서 하단 중앙에 위치한 저장버튼을 누르면 이미지를 문자로 변환시켜 주면서 잘못 변환될 수 있는 문자의 수를 최대한 줄여 줄 수 있게 된다.

그림4-5:
기존의 사진이나
스캔된 문서 문자화

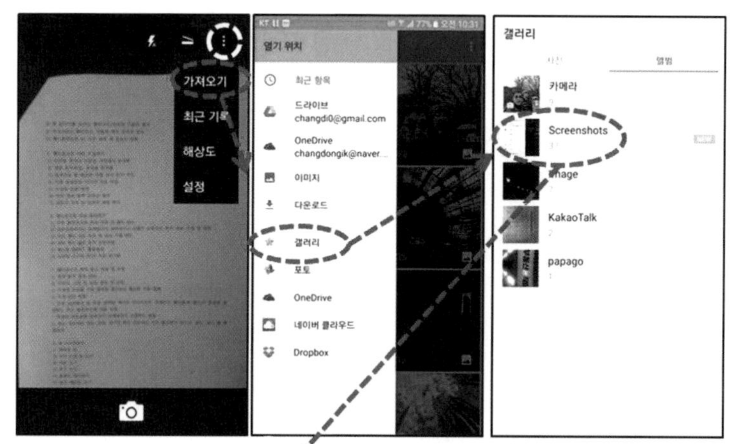

오피스 렌즈를 열고 우상단의 점 세 개를 클릭하고 새로운 화면에서 가져오기를 선택하면 우측 화면과 같이 열기 위치를 선택하게 됨

원하는 서류를 선택하면 아래 좌측 화면과 같이 그 서류를 가져옴

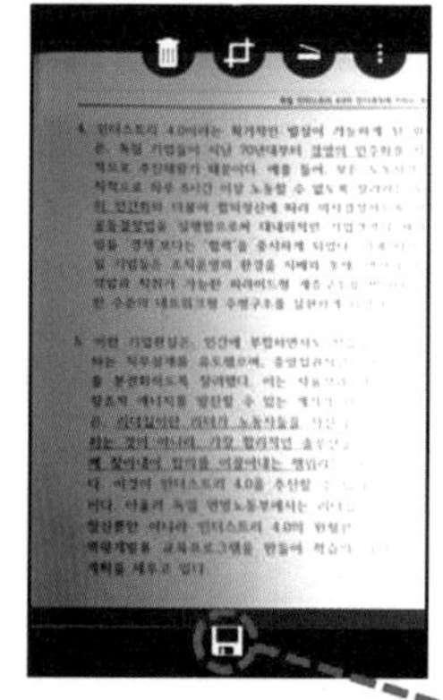

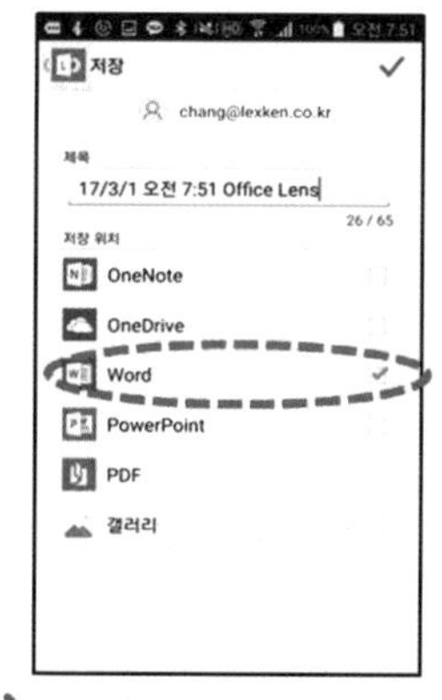

오피스 렌즈를 열고 해당 책자 쪽을 찍으면 위 화면이 나타남

저장 버튼을 누르면 저장방법과 제목이 나오는데 Word를 선택. 사진 찍은 것을 문서로 변환시켜 줌

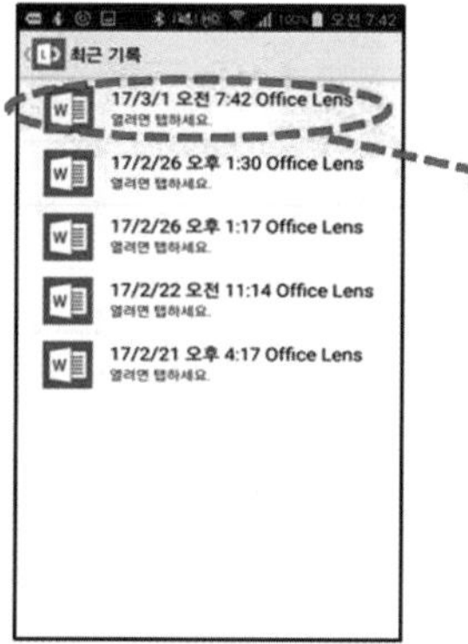

방금 저장한 파일을 탭

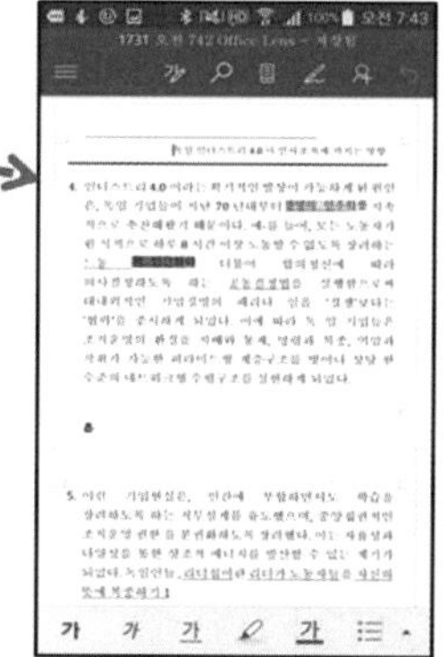

워드에 저장되어 있는 문서를 모두 선택하여 원하는 Evernote나 구글 문서로 저장하거나 필요 없는 부분은 지우고 필요한 부분만 복사하여 붙여넣기 하면 효과적

그림4-6:
찌그러진 이미지를 펴서
문자화하는 방법

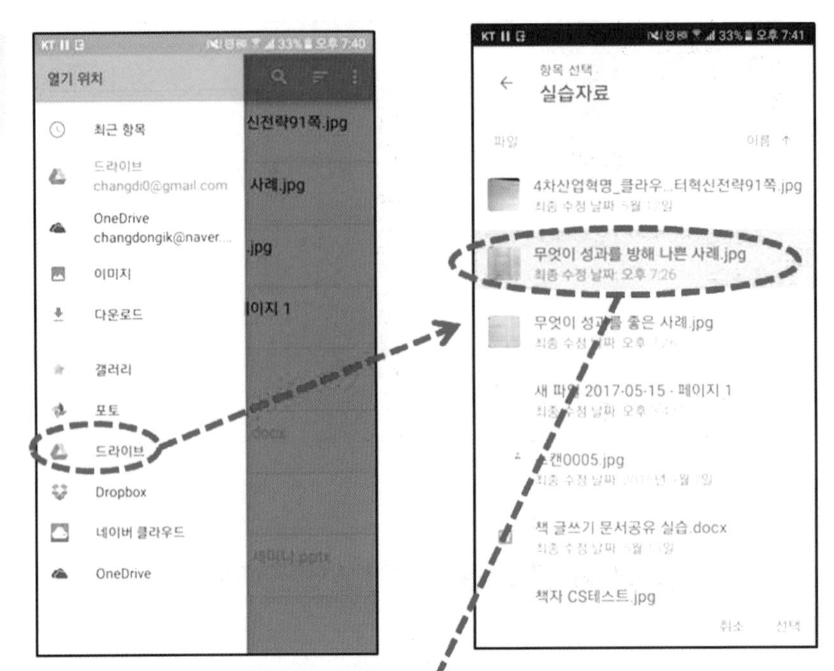

우측 상단 점 세 개를 선택하고 '가져오기'를 선택하면 상기 좌측 화면이 나타나고 가져오고자 하는 이미지를 선택한다. 그러면 아래 좌측 화면과 같이 페이지가 둥그렇게 굽어진 원본 이미지가 나타나고, 다음 상단 중앙에 선택 범위를 정할 수 있는 아이콘을 누르면 아래 우측 화면과 같이 범위를 지정할 수 있는 사각형이 나타나 사각의 코너들을 이동시켜 네모반듯하게 펼 수 있도록 조정한 다음 하단 중앙에 위치한 화살표를 누르면 화면을 반듯하게 펴 주는 작업을 해준다.

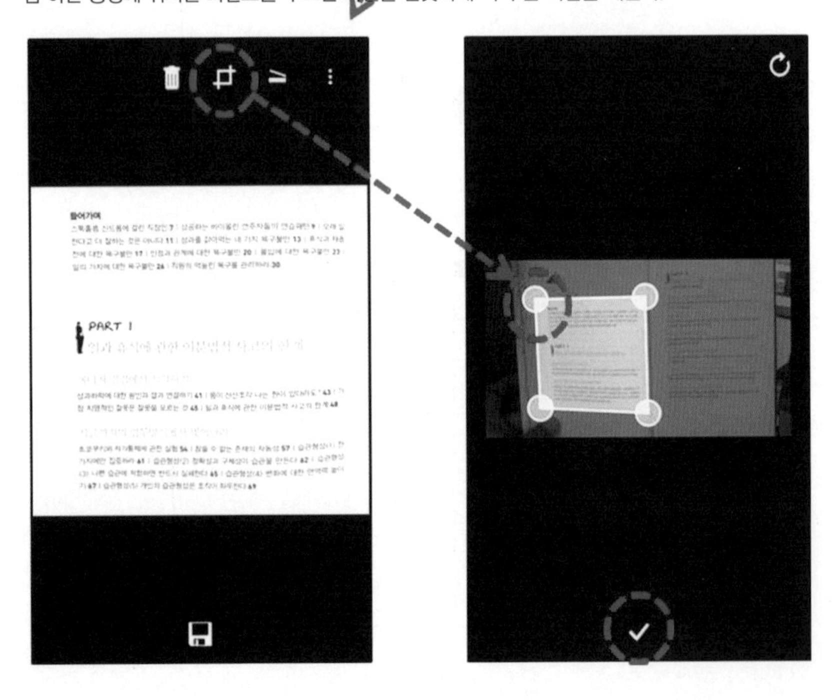

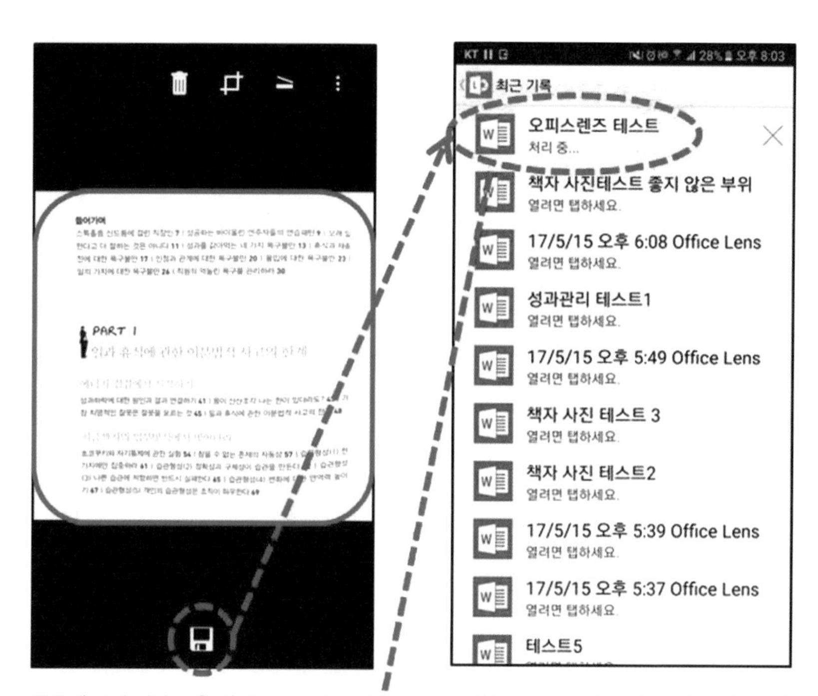

둥글게 굽어 있던 쪽은 최대한 펴지게 되며 다음 화면 하단의 저장 아이콘을 누르면 이미지를 읽어 문자화하기 위한 준비 작업을 하게 되고, 그 작업이 끝나게 되면 마지막으로 워드 작업을 실행하고 결국 아래 우측 화면과 같이 수정 보완할 수 있는 문서로 작성이 되게 된다.

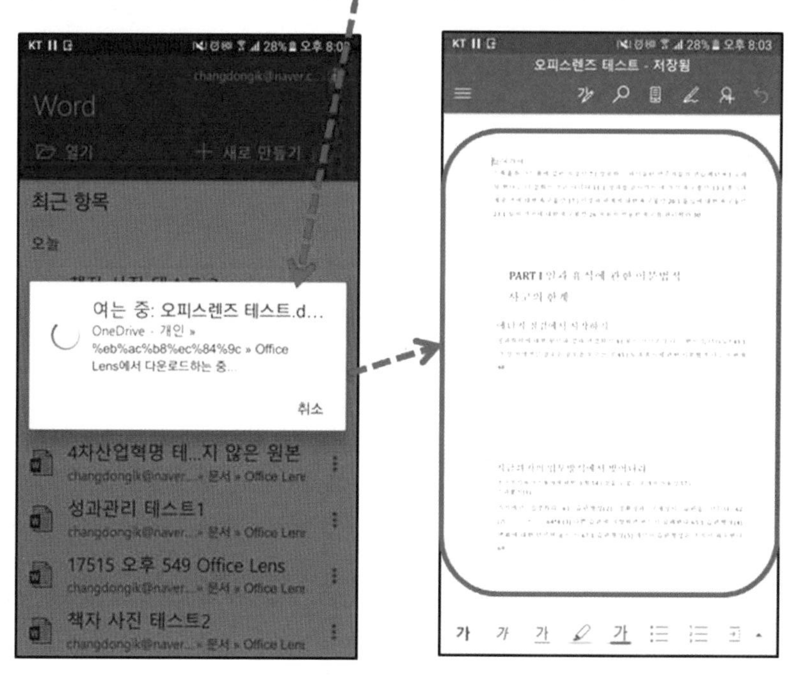

그림4-7: 지메일 신규 등록하는 방법

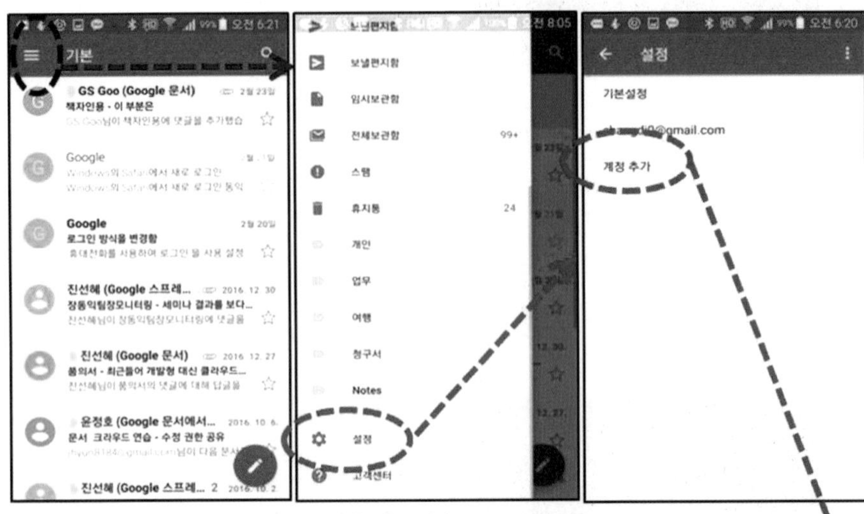

1. 마지막 단계에서 앱이 시키는 대로 계정을 새로 생성

2. 다른 앱들을 시작할 때 구글계정 등록이 가능한 것들은 모두 구글 계정을 클릭해 주기만 하면 등록됨

구글 계정 등록

구글 앱스를 활용하기 위해서는 우선 지메일 등록이 필요하다. 구글의 지메일은 사람들이 자기관리를 위한 플랫폼으로 활용할 수 있는 어플리케이션이다. 따라서 독자가 지메일을 활용하지 않고 있다 하더라도 구글의 지메일 계정을 제일 먼저 등록해야 한다. 그런데 지메일을 현재 사용하고 있다거나 또는 지메일 계정을 가지고 있다면 새로 등록할 필요가 없다.

그림4-7은 지메일 신규 등록하는 방법이다. 아직 지메일 계정을 가지고 있지 않은 사람은 따라서 실행하여 신규 등록을 하라. 지메일 신규 등록하는 방법은 그림4-7을 따라서 그대로 실습하면 된다. 지메일을 등록하는 방법은 마이크로소프트 등록하는 것보다는 쉽다.

구글 주소록 관리

자기가 구글 앱스를 통해 자주 교류해야 하는 사람들을 위한 지메일 주소와 전화번호는 별도로 구글 주소록으로 관리하는 것이 편리하다. 구글 주소록은 별도의 앱이 존재하는 것이 아니고 구글 드라이브 PC버전에서 관리하도록 구성되어 있다. 명칭, 회사명, 회사 주소, 이메일, 전화 번호 등 관련되는 모든 내용을 기재하고 지속적으로 업데이트하게 되면 다른 구글 앱들과 연동될 뿐 아니라 다른 모바일 앱들과도 동기화될 수 있다. 구글 앱스에서 자료를 공유하거나 메시지를 주고받을 때 콘택트 포인트 역할을 한다. 대부분의 한국 사람들은 구글 주소록과 지메일 대신 다른 주소록과 다른 이메일을 활용하고 있다. 그런데 구글 앱들의 플랫폼은 지메일이기 때문에 앞으로 소개하고자 하는 구글 앱들을 활용하기 위해서는 자료를 서로 공유하고자 하는 사람들의 지메일 주소를 파악하여 구글 주소록에 기재해 두는 것이 좋다. 구글 주소록을 새롭게 사용하거나 또는 추가하는 경우 구글 드라이브

PC 버전에서 다음과 같은 방법으로 시행하면 된다. 이 책자에서 사례를 설명하기 위해 화면 캡처해서 보여주는 표들은 PC의 경우는 Windows 10과 스마트폰의 경우는 삼성 갤럭시노트 상에서 나오는 화면이기 때문에 혹시 다른 종류의 PC 운영체제나 스마트폰을 가지고 있는 사람들의 화면은 일부 다를 수 있음을 양해해 주기 바란다.

그러나 구글 주소록은 현재 여러분들이 사용하고 있는 다른 주소록과 동기화가 되기 때문에 잘못되면 기존 주소록에 기록해 두었던 중요한 정보가 없어질 수 있어 조심해야 한다. 나는 여러분들이 구글 주소록이 아닌 다른 주소록을 위주로 활용해야 할 경우 다음 방법을 추천한다. 구글 주소록에는 이름과 지메일 주소만을 기타로 분류하여 입력할 경우 기존 주소록의 다른 내용들은 그대로 두고 지메일 주소만 기타로 분류된 상태로 추가되기 때문에 기존 주소록에 저장되어 있는 다른 정보는 영향을 미치지 않으면서 기타 구글 앱들을 효과적으로 활용할 수 있는 방법이 된다. 만일 기존 주소록에 이미 기타로 분류된 다른 이메일 주소가 있다면 그 이메일 주소는 지메일 주소로 갱신되고 말 것이다. 그러나 그런 경우는 거의 발생하지 않을 것이다.

그림4-8:
구글 주소록 활용법

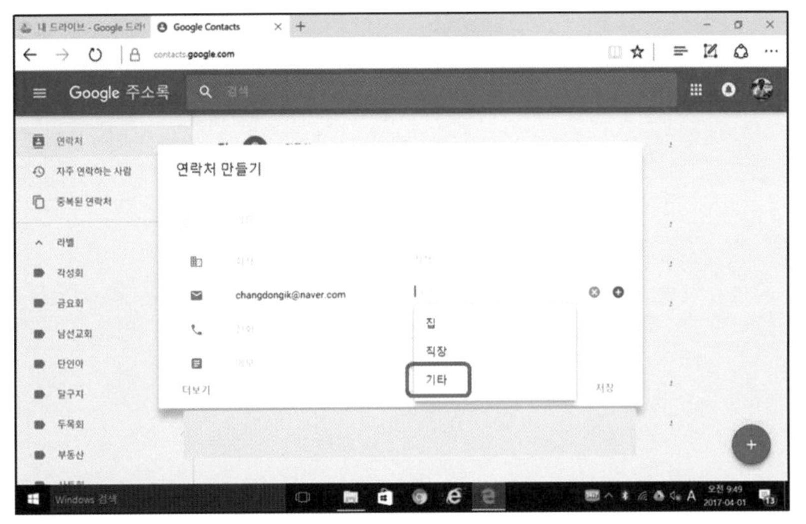

연락처 만들기에서 이름, 핸드폰 번호, 이메일 주소는 라벨에서 기타를 선택 입력하고 저장

PC용 구글 드라이브에 들어가서 옆의 순서대로 작업하면 주소록을 추가할 수 있다.

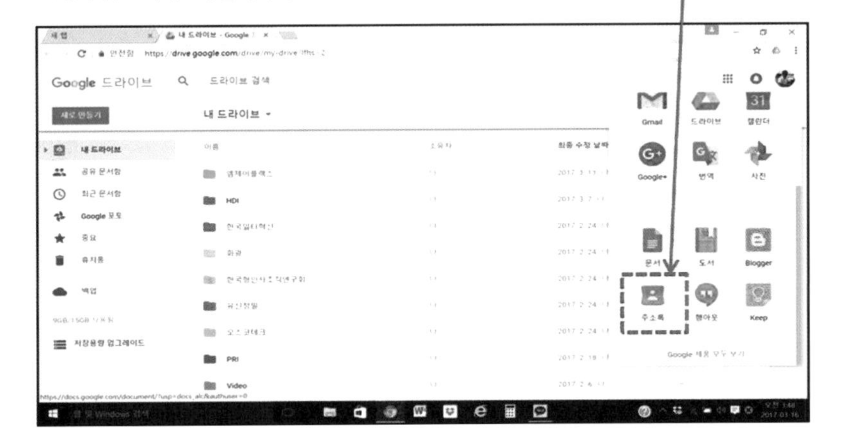

말로 문서 작성하는 법

말로 문서를 작성하는 방법은 아니지만 음성 인식 및 상황 인식기술이 얼마나 발전했는지를 독자들이 직접 느낄 수 있도록 우선 삼성 핸드폰의 S보이스 사례를 보고자 한다. 핸드폰 내에 내장된 앱을 열든지, 알람을 원하는 시간에 지정하고자 하든지, 어떤 주소지를 찾아가고자 하든지, 어느 지역을 가다가 근처의 맛 집을 찾든지, 네이버의 어떤 내용을 검색하든지 등 상당히 많은 기능들을 말만 하면 사용자 대신 바로 처리해 주는 신통한 앱이다. 그런데 삼성의 S보이스의 경우는 삼성의 기종만 지원하는데 삼성 기종들 중에서도 지원하지 않는 기종이 많다. 그러나 2017년 5월 초 네이버가 개인비서 앱으로 발표한 클로바는 S보이스와 유사한 기능을 제공하면서도 삼성, 엘지, 애플 등 기종에 관계없이 지원한다는 것이 매우 매력적이다.

그림4-9의 사례는 사용자가 네이버 클로바를 열어 핸드폰에 명령어를 내리자마자 보여주는 화면들을 나타낸다. 클로바가 수행하는 기능들을 간단히 소개하면 다음과 같다.

1. 음악 틀거나 끄기: "김동률 노래 틀어줘.", "노래 꺼.", "드라이브할 때

좋은 노래 틀어줘.", "잔잔한 노래 틀어줘.", "헨델의 메시아 틀어줘." 등이다.

2. 장소: "근처에 회식하기 좋은 맛 집 추천해줘.", "근처 주차장 알려줘.", "근처 약국 알려줘.", "인근 주유소 알려줘.", "제주도 갈 만한 곳.", "제주도 렌터카.", "근처 맛 집.", "안산 삼대천왕 맛 집.", "속초 수요미식회 맛 집." 등이다.
3. 날씨: "오늘 날씨.", "내일 미세먼지." 등이다.
4. 통역: "'잘 가세요'가 중국어로 뭐야?", "'이 근처에 갈 만한 식당 가르쳐 주세요'가 일본어로 뭐야?", "'근처에 약국 가르쳐 주세요'가 영어로 뭐야?" 등이다.
5. 정보: "12만 원이 달러로 얼마야?", "오늘 코스피 지수?", "독일 시간?", "문재인 경력?", "클라우드 컴퓨팅에 대한 정보검색.", "8월 16일이 무슨 요일이야?", "추석이 며칠이야?"
6. 음식: "홍어찜 재료는 뭐야?", "홍어찜 하는 방법?"
7. 뉴스: "오늘 주요 뉴스.", "지금 피파 랭킹?"
8. 일정: "내일 오전 6시 알람.", "5월 30일 오후 7시 가족 모임 일정 추가.", "6월 30일 일정 뭐야?" 등이다.
9. 전화걸기: "장동익 전화해 줘."

삼성의 빅스비나 S보이스와 아이폰의 시리 기능에서도 이 사례와 같은 명령을 실습해 보기 바란다. 가지고 있는 핸드폰으로 이 기능들을 활용하면서 서로 비교하여 보다 좋은 기능을 수행하는 앱을 택해서 활용하기 바란다. 그런데 이 비서기능은 향후 어떤 다른 기능들에 비해서도 그 발전 속도가 빠를 것이라는 점을 잊지 말기 바란다.

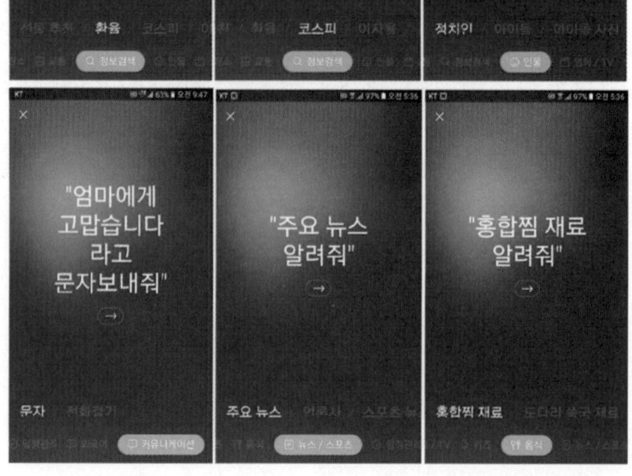

그림4-9:
네이버 클로바 활용 사례

말로 문서를 작성할 때는 주로 두 가지 앱을 사용하게 된다. 첫 번째가 삼성에서 제공하는 음성 녹음이라는 앱과 구글 문서를 사용한다. 그런데 문서와 녹음 두 가지가 다 필요한 경우는 음성녹음을 사용하고 문서만 필요한 경우는 바로 구글 문서를 사용하는 것이 좋다. 왜냐하면 음성 녹음을 사용하여 문자들을 문서로 작성하려면 문자화된 음성 메모를 복사하여 다시 구글 문서로 옮겨야 하기 때문이다.

그림4-10은 새 구글 문서에서 음성으로 작성하는 방법을 보여 주는 사례인데 내가 글쓰기에 관련된 책 중에서 일부를 직접 읽어서 작성한 구글 문서이다. 이 사례에서도 보듯이 말로 작성하는 문서의 경우는 마침표 같은 부호는 표기되지 않는다. 영어도 한글로 표기된다. 그런데 부호 이외에는 고쳐야 할 부분이 한 군데밖에 없었다. 그림4-10에서는 그렇게 문자화가 잘못된 부분을 문자판을 활용하여 수정하는 모습을 보여 주는 그림이다. 이와 같이 말로 문서 작성하기는 기존에 작성이 된 문서나 또는 사진 찍어 만든 문서의 경우에도 추가해야 할 부분이 있다면 내용을 추가하고자 하는 위치에 손가락을 2초가량 살포시 댄 뒤 떼면 그 자리에 커서가 위치하게 된다. 그때 마이크를 켜고 말을 하게 되면 자동적으로 문자화되어 기존 문서에 그 내용이 추가된다. 이런 방법으로 수집된 자료의 앞부분에 자료의 중요성이라든지, 특이사항 같은 것들을 말로 추가로 설명해 놓으면 추후에 그 자료를 검색하는 데 도움이 된다.

나는 새로운 강의 준비를 할 때 강의 원고는 주로 새 구글 문서를 활용하여 작성하는데 기존에 작성되어 있는 여러 관련 문서들 중에서 필요한 부분을 복사해 오고 나머지 새로운 부분들은 말로 해서 작성한다. 따라서 타이핑할 일이 거의 없으며 대체로 2시간용 새로운 강의를 위한 강의 교안 준비를 위한 시간은 2~3시간 정도면 충분하다. 그렇게 작성한 구글 문서는 모두 선택하여 복사한 다음 토크프리로 옮겨 토크프리가 읽어주는 것을 들으면서 잘못된 부분은 없는지 확인하면서 교정한다. 대체로 토크프리를 활용해서 한 번 정도만 듣고 나서 수정 보완하고 나면 강의 준비는 끝낼 수 있다. 이런 방식을 모를 때는 새로운 강의 준비에 정말 오랜 시간이 소요되었었다.

그림4-10: 말로 문서 작성하고 틀린 부분 수정하는 방법

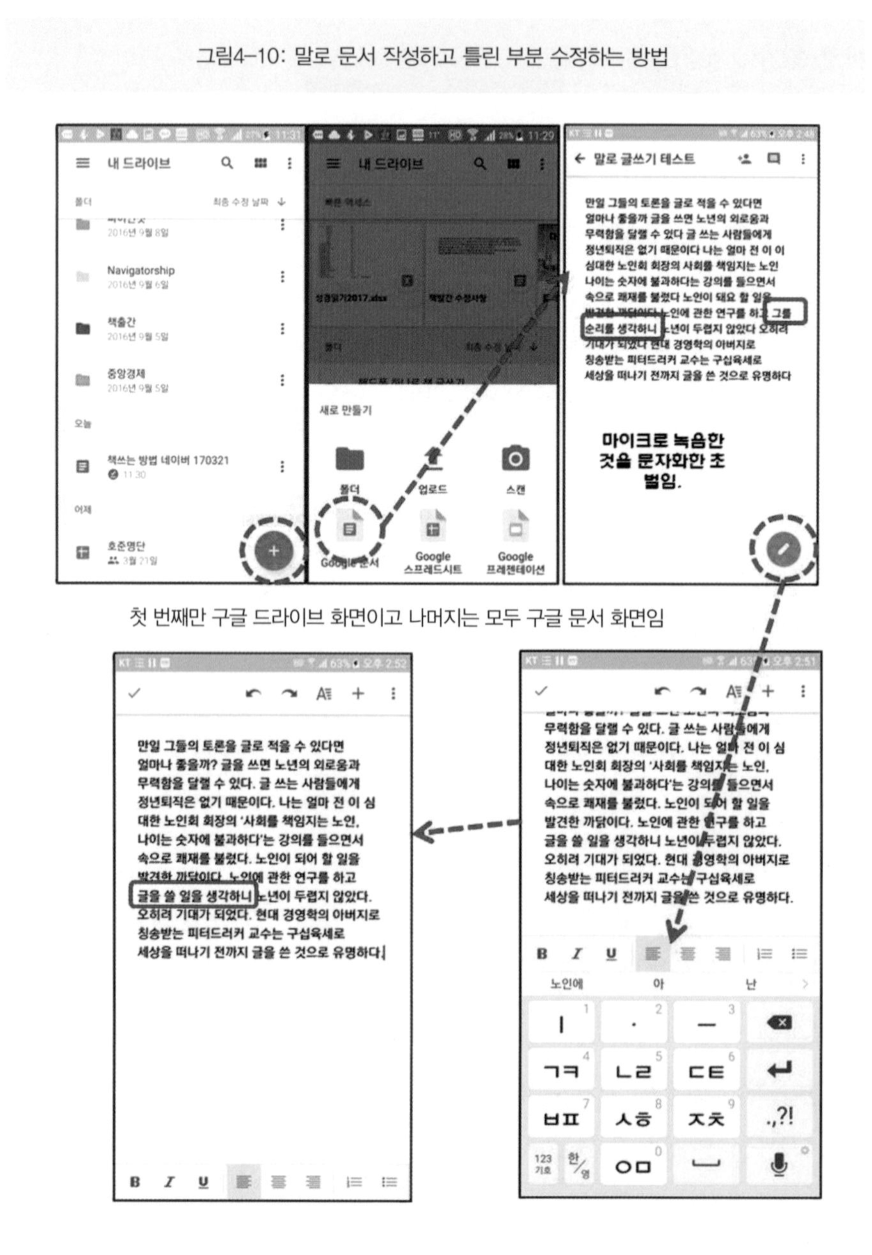

구글 문서의 PC버전에서도 말로 하여 문서를 작성할 수 있다. 노트북에는 마이크 기능이 이미 내장되어 있으므로 다른 부가장치 없이 그대로 이 기능을 사용할 수 있으나 PC에는 단방향 마이크를 사서 부착해야 한다. PC에서도 언제든지 핸드폰에서와 마찬가지로, 그러나 핸드폰보다는 더 빠른 속도로 말로 하여 문서를 작성할 수 있다. 인터넷쇼핑에서 일반적으로 4만 원 정도에 구매할 수 있는 마이크도 있지만 십만 원 이상의 단방향 마이크를 구매하여 부착하면 음성 인식도를 더 높일 수도 있다.

그림4-11은 구글 드라이브의 PC버전에서 새 구글 문서 작성으로 들어가 음성으로 문서를 작성하는 방법을 설명해 준다.

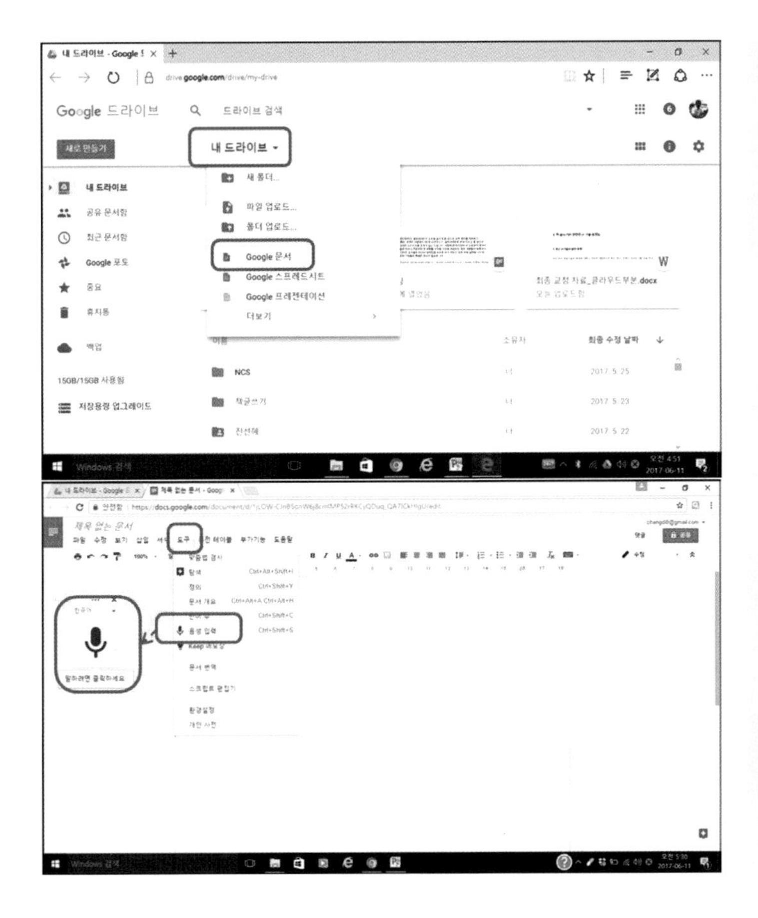

그림4-11
구글 문서 PC 버전에서 음성으로 문서 작성하는 방법

그림4-12는 '음성 녹음'을 활용해서 문서를 작성하는 사례이다.

음성 녹음을 켜서 음성을 녹음한 다음 잘못된 입력된 부분을 그림4-10에서 설명한 것과 같은 방법으로 고치고 나서 우선 음성을 저장한다. 음성을 녹음하는 즉시 고쳐 놓지 않으면 나중에 기억하기 어렵기 때문에 음성 녹음을 할 때는 그 즉시 고쳐 놓는 것이 좋다. 항시 저장할 때는 내 경우는 나중에 키워드로 찾기 쉽도록 가능한 한 상세한 제목을 주고 녹음한 날짜와 장소를 적어 놓는다.

그림4-12: 음성 녹음으로 녹음도 하고 문서를 작성하는 방법

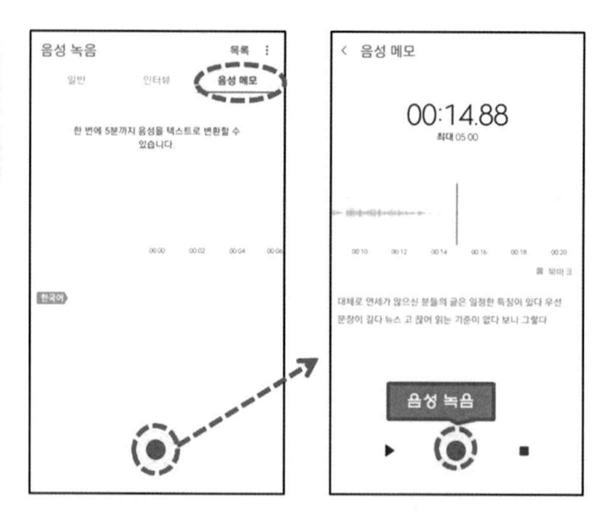

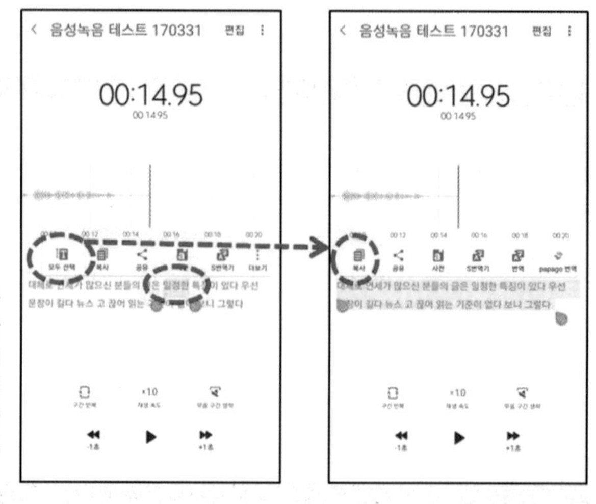

음성 녹음에서 빨간 녹음 버튼을 누르고 녹음한 다음 아무 단어나 손가락으로 지긋이 2초가량 눌러 주면 새 창이 뜨는데 그 창에서 모두 선택한 다음 복사를 하고 그 상태에서 음성녹음을 나가고 구글 드라이브로 간다.

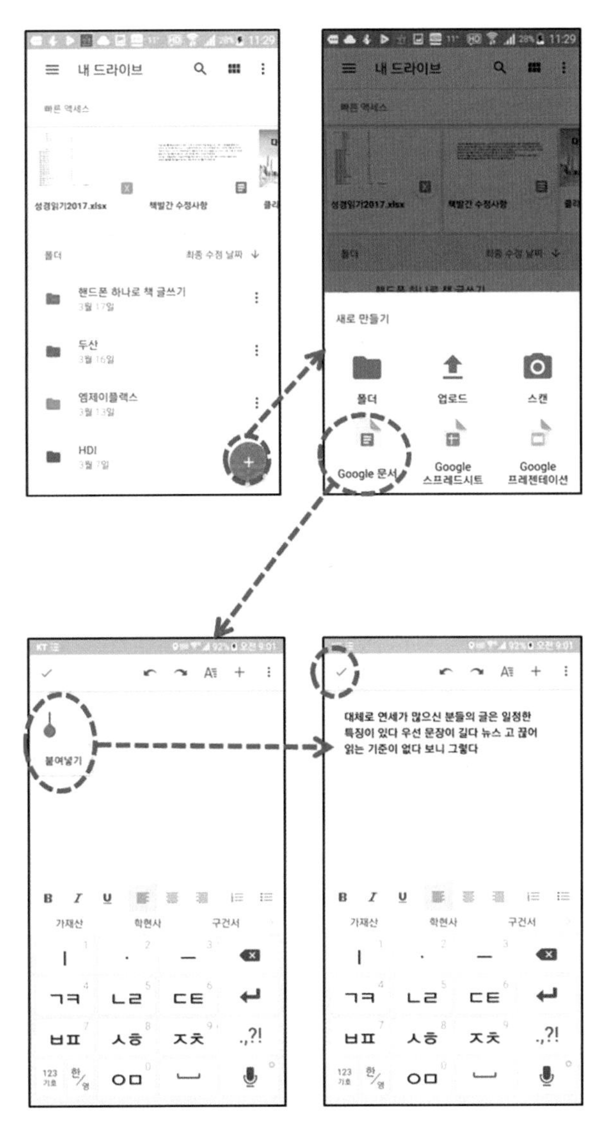

구글 드라이브 화면 우측 하단의 + 아이콘을 누르면 새 창이 뜨고 그곳에서 Google 문서를 선택하면 새 구글 문서 화면이 나오는데 빈 화면 좌측 상단 부위를 손가락으로 2초가량 지긋이 눌렀다 떼면 붙여넣기가 나오고 붙여넣기를 선택한다. 다음 좌측 상단의 화살표 아이콘을 누르면 저장된다.

이렇게 녹음한 자료뿐 아니라 모든 자료 관리에서는 자료 수집 당시부터 제목 설정을 잘해 놓는 것이 매우 중요하다. 아무리 열심히 모아 놓았어도 나중에 찾을 수 없는 자료는 필요 없기 때문이다. 또한 아무리 네이버, 구글 등 검색 엔진이 잘 되어 있어도 내가 잘 정리해 놓은 자료만은 못하다. 요즈음 들어서 나는 상세한 제목과 그 내용에 적합한 일자와 장소를 꼭 적는 버릇을 들이고 있다. 얼마 전까지도 없던 새로운 검색 기능들이 빠른 속도로 소개되고 있기 때문이다. 앞에서도 설명했듯이 구글 드라이브의 큰 강점 중 하나가 자료 검색이다. 키워드를 입력하면 자료의 제목뿐만 아니라 자료 내부에 입력되어 있는 모든 내용까지도 들어가 검색해서 찾아 주기 때문이다. 이 음성과 노트 모두를 구글 드라이브의 적합한 폴더에 저장해 놓는 것이 좋다.

음성녹음 앱 화면의 우측 상단에 표기된 '목록'을 누르면 그동안 음성녹음을 한 목록이 모두 나오는데 그곳에서 지금 방금 저장한 제목을 지그시 누르면 선택이 되고 우측 상단에 표기된 '공유'라는 항목을 누르면 '음성 및 텍스트 파일'을 선택하고 어디로 공유할 것인지를 물어 본다. 구글 드라이브에서 적합한 폴더를 찾아 들어가 선택한 다음 저장하면 된다.

그러고 나서 음성 녹음한 것을 그림4-12에 소개된 순서로 새 구글 문서에 텍스트를 복사하여 붙여넣기를 한 다음 적절한 제목으로 저장하면 된다. 특히 이런 방법은 앞에서도 설명했듯이 누군가의 녹음이 양해가 될 수 있는 강연이나 이벤트를 녹음할 때 사용된다. 그런데 제약요소는 최장 5분까지만 녹음이 되므로 그보다 길어지는 경우는 잘라서 새로운 녹음을 시도해야 하는 번거로움이 있음을 이해하기 바란다. 그리고 가능한 한 중간 중간 경우에 따라 필요한 경우 화면을 즉시 파악할 수 있도록 핸드폰의 설정에 가서 설정 → 디스플레이 → 화면 자동 꺼짐 시간을 최장 허용 시간인 10분으로 조정해 놓은 다음에 시행하는 것이 안전하다.

따라서 5분 이상 되는 긴 내용을 녹음할 때에는 음성 녹음을 활용하는 것보다도 오히려 노트북 등을 활용하여 별도로 녹음하고 구글 문서를 활용하여 음성으로 문서를 작성하게 되면 나중에 교정할 때 별도로 녹음된 것을 들으면서 구글 문서에 잘못 입력된 부분들을 수정할 수 있다. 그런데 음성으로 문서 작성할 때 음성녹음을 활용하지 않고 구글 문서를 활용하여 음성으로 문서를 작성할 경우는 음성이 일시 중단되면 마이크 기능이 사라지게 되어 계속 마이크 기능을 켜 주어야 하는 번거로움이 있으므로 지속적인 녹음이 가능한 경우는 구글 문서를 활용하는 것이 좋지만 중간 중간 끊어짐이 많은 경우는 음성 녹음을 활용하는 것이 더 좋다.

음성 녹음을 활용할 때 장시간 지속되는 녹음이면서도 녹음이 끊어지면 곤란한 경우에는 핸드폰 2대를 활용하여 교대로 녹음하여 문서 작성함으로써 녹음이 끊어지지 않도록 하는 방법도 활용할 수 있다. 녹음이 중간에 끊어져서는 절대 안 되는 경우를 제외하고는 굳이 핸드폰 2개를 교대로 활용하면서 녹음할 필요는 없다. 별도의 녹음을 할 형편이 못 되는 경우는 그대로 음성녹음만을 활용하여 1차 5분이 끝나고 다시 녹음 버튼을 눌러주기만 하면 두 번째 녹음이 되면서 문서가 작성되고 이런 방식을 끝날 때까지 지속하면 된다. 녹음이 모두 끝난 후 여러 개의 문서를 통합하면 하나의 문서가 되는 것이다. 그런데 자서전을 작성하는 경우와 같이 자신이 직접 음성을 활용하여 문서를 작성하는 경우는 굳이 이와 같은 녹음이 필요 없다. 문자화에 좀 이상이 있다 하더라도 그 내용이 자신의 생각이므로 무슨 내용인지를 잘 알기 때문이다.

강연과 같은 내용을 녹음할 경우는 음성 인식이 잘못될 확률이 높기 때문에 고쳐야 하는 부분이 많다. 나는 이런 경우 음성녹음과 텍스트를 함께 구글 드라이브에 저장한 다음 노트북을 활용할 수 있는 아무 곳에서나 여유가 있을 때 녹음된 음성을 이어폰으로 들으면서 노트북에 저장된 구글 문서를 열어서 고쳐 준다. 그러면 확실한 자료를 확보하게 되고 언제 어디서든 필요한 부분을 발췌하여 사용하게 되는 것이다.

검색 자료 중 필요한 부분을 복사하여 문서 작성

네이버나 구글 등에서 특정 키워드를 입력하여 검색한 자료의 경우 대체로 데이터 중 아무 단어 위에나 손가락으로 지그시 누르고 있으면 한 단어가 선택이 되면서 새로운 창이 뜨고 '모두 선택'을 선택할 수 있다. 앱에 따라서는 새로운 창의 우측에 있는 점 3개를 눌러야 '모두 선택'이 나타나는 경우도 있다. 그러면 원하는 자료의 전체가 선택이 되고 곧이어 새 창이 있던 자리나 하단에 복사할 수 있도록 다시 새로운 창이 뜨게 된다. '복사'를 손가락으로 누르게 되면 복사가 된다. 그때 검색 엔진을 나와 앞에서 배운 대로 구글 새 문서 작성을 열어 복사한 부분을 저장할 수 있다. 이때 일부 필요 없는 자료들도 함께 복사되어 '붙여넣기' 되므로 필요 없는 부분을 삭제하고 저장하는 것이 좋다. 그런데 나는 일단 자료를 먼저 앞으로 설명하게 될 토크프리에 붙여넣기 하여 대중교통을 이용하거나 걸을 때 모두 들어 본 뒤 자료로서의 가치를 평가한 다음 쓸모없다고 느끼면 버리고 필요하다고 생각하는 자료는 일단 구글 문서에 저장한 다음 그중 필요 없는 일부분을 삭제한다. 앞으로는 새 구글 문서에 저장하는 방법은 별도로 설명하지 않겠다.

그림4-13은 네이버에서 검색한 자료를 복사하는 과정과 그 부분을 토크프리에 옮겨서 들으면서 필요한 부분만 남기는 과정, 마지막으로 구글 문서에 옮기는 과정을 보여 준다. 구글 문서를 작성하고 나면 항상 적합한 폴더에 저장하는 것을 잊지 말기 바란다. 그런데 토크프리라는 앱은 안드로이드폰에서는 작동을 하지만 애플 아이폰에서는 사용할 수가 없다. Aloud라는 앱이 아이폰에서는 비슷한 기능을 수행하는데 전반적인 기능은 떨어지는 것으로 판단된다.

책자의 경우도 요즈음은 요약본들을 미리 보여주고 나서 독자들로 하여금

그림4-13: 검색 엔진에서 검색한 자료 복사하여 문서로 작성하는 법

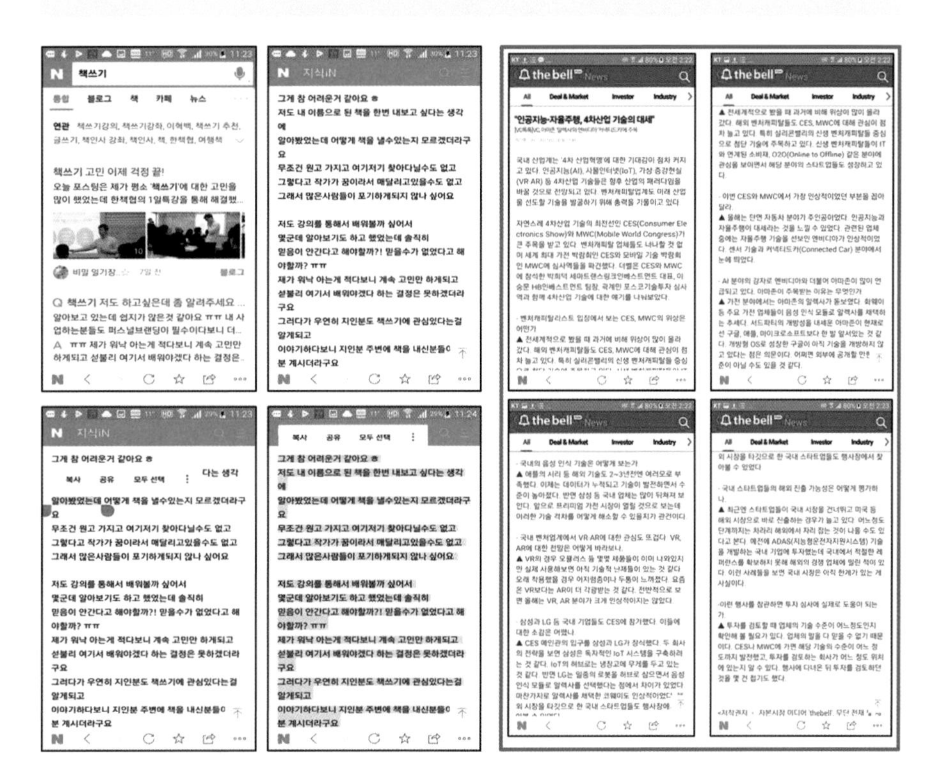

우측 빨간 색 네모 안 4개 화면은 내가 일상적인 방법으로 손가락 누르는 방법으로 데이터 복사가 되지 않아 핸드폰 화면 스크린샷 기능(핸드폰 하단 버튼과 우측 측면에 위치한 전원끄기 버튼을 동시에 눌러야 함)을 활용하여 4부분으로 나누어 찍어 놓은 다음 오피스 렌즈를 활용하여 문서를 작성했다.

책이나 전자책을 살 수 있도록 도와주는 앱들이 많다. 나는 이런 기능을 위해서는 주로 리디북스RidiBooks 앱과 네이버북스Naverbooks 앱을 활용했었다. 책 글쓰기를 위해서는 책을 전체를 다 읽어야 하는 경우도 있지만 요약본만을 보고도 영감을 얻을 수 있는 경우도 있다. 그런데 이러한 앱들의 경우는 네이버와 같은 검색 툴들과는 달리 필요한 부분을 복사해 올 수가 없다. 그런데 필요하다고 판단하는 부분에 대해서는 핸드폰 스크린 샷을 활용하여 찍은 다음 오피스 렌즈를 활용하여 문서화하는 방법을 택해서 자료로 활용하면 된다. 다만 그 자료를 활용할 때는 저작권 문제에 대한 주의를 기울여야 한다.

각종 동영상과 이미지 자료 수집

동영상이나 이미지 자료는 오캠oCam이라는 툴을 사용하는데 나는 오캠 핸드폰 앱은 불편해서 사용하지 않았고 꼭 필요한 경우에는 노트북이나 PC에서 오캠 PC 버전을 활용하였다. 나는 도움이 되는 동영상이 발견되는 대로 그 동영상을 대중교통을 타고 가면서 우선 모두 시청하고 나서 필요한 부분이 어디서부터 어디까지인지 시간을 미리 적어 두었다.

그런 다음 집의 PC나 노트북을 활용할 수 있는 장소에 도착하는 대로 오캠을 열고, 자료원이 되는 사이트에서 대상이 되는 동영상을 찾아 우선 아래 표에서 설명하는 대로 오캠 화면과 대상이 되는 동영상 화면의 크기를 서로 맞춘다. 다음 커서를 이용해서 대상 동영상을 시작하려고 하는 시간보다 조금 전 시점 근처로 동영상 화면을 맞추어 놓은 다음, 대상 동영상을 먼저 시작하고 실제 녹음하고자 하는 동영상이 나타나는 시점에 바로 오캠의 녹음 버튼을 누르면 그때부터 녹음이 시작된다. 끝나는 시간에 중지를 하게 되면 오캠은 그 대상이 어떤 동영상이든 필요한 부분만 복사를 해 준다. 그런데 경우에 따라 보안 동영상 제공처의 보안 정책에 따라 복사가 되지 않는 경우도 간혹 있다. 그림4-14는 오캠으로 동영상을 복사하는 방법이다.

그림4-14:
오캠으로
동영상 복사하는 법

1. 유튜브에서 원하는 동영상을 찾는다.

2. 오캠을 열면 다음과 같은 화면이 생성된다.
3. 초록색 사각형이 화면을 캡처하는 공간이므로 그 사각형 크기를 조정해야 한다. 좀 특이한 방법이다. 커서를 코너 부위에 위치시켜 양쪽 화살표가 나타날 때 마우스 좌측을 누른 상태로 유튜브 동영상 화면 끝과 맞추는 방식이다.

4. 오캠을 화면 앞으로 나오도록 하면 오캠 운영화면이 동영상 화면을 겹치게 나타난다. 오캠이 복사하고자 하는 사각형 안에는 실제 동영상 이외에는 아무것도 들어가서는 안 된다.
따라서 오캠 운영화면을 끌어 동영상 화면 옆으로 옮겨 주어야 한다.

5. 미리 보아 두었던 대로 동영상 중에서 복사하고자 하는 시작시간으로 이동 시킨 다음,
6. 오캠 운영화면에서 녹화 버튼을 누르면 복사 시작이 된다.
7. 잘 보고 있다가 복사를 마치고자 하는 시점에 중지 버튼을 누르면 복사가 완료된다.

8. 오캠 운영화면에서 열기 버튼을 클릭하면 바로 PC의 오캠 관리폴더에 방금 저장한 동영상이 나타나는데 이 동영상은 바로 '잘라내기' 하여 자신이 원하는 폴더에 저장하는 것이 좋다. 나는 이것도 역시 구글 드라이브에 저장한다.

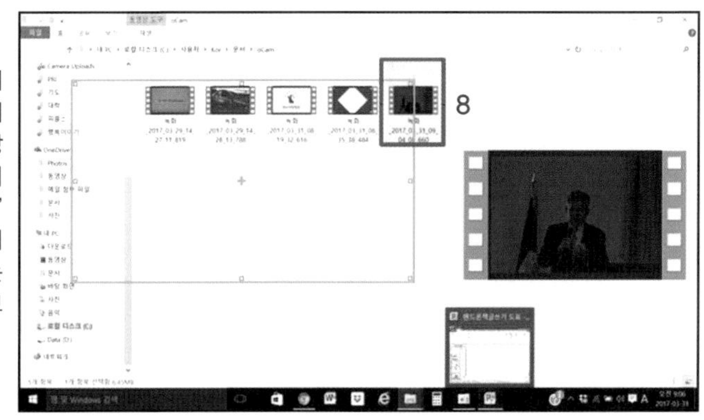

만일 동영상을 복사해야 할 곳이 두 군데 이상이라도 같은 방법을 반복하면 된다. 단, 이 경우 나는 잘린 여러 개의 동영상을 하나로 편집하고 합성하는 작업을 약 15년 전에 구입하고 중간 중간 업그레이드해 왔던 미국의 록시오Roxio라는 어플리케이션을 구입하여 사용해 왔다. 그러나 이 책자에서는 그 사용법에 대한 설명은 생략하도록 하겠다.

일단 노트북이나 PC에서는 화면 캡처가 가능해서 많이 사용하지만 화면의 일부분만을 캡처해야 하는 경우도 많다. 예를 들어 검색엔진을 검색했는데 내용이 너무 많아 그중의 일부만, 또는 편집하고 싶은 PDF 파일이 있다면 오캠으로 원하는 크기의 이미지를 잘라서 캡처하여 오피스 렌즈로 보내면 바로 문서화해 준다. 오캠 이미지 복사 기능은 오캠 운영화면에서 '녹음' 대신 '캡처'라는 아이콘을 선택하는 것 이외에는 동영상 복사 기능과 같으므로 별도로 설명하지는 않겠다.

나는 동영상이 되었든 이미지가 되었든 오캠에서 제작된 결과물은 모두 구글 드라이브에 저장한다. 아직은 공간 여유가 좀 있기 때문이다. 일반적으로 자주 사용하지 않거나 지극히 개인적인 것들은 모두 앞에서도 설명했듯이 네이버 클라우드, 마이크로소프트 원드라이브나 드롭박스를 활용하기 때문이다.

책이나 문서를 TV로 들으면서 읽기

이제까지 설명된 것들을 기초로 볼 때 책 글쓰기와 관련하여 핸드폰으로 PC에서는 전혀 활용할 수 없는 수많은 기능들을 더 효과적으로 활용할 수 있는데 아직은 약간의 불편함도 있다. 액정 화면의 크기와 문자를 입력할 필요가 있을 때 활용하게 되는 자판의 크기가 작다는 것이다. 물론 자판 크기의 문제는 요즈음 양손의 엄지손가락이 보이지 않을 정도로 빠르게 입력하고 있는 Y세대(1980년 초에서 2000년대 초 태어난 디지털 네이티브 세대)들에게는 그리 불편한 점이 아니지만 말이다. 그런데 이 점 역시 핸드폰에는 훨씬 더 효과가 높은 기능을 사용할 수 있도록 조치되어 있다. 바로 핸드폰의 화면을 미러링하여 TV로 볼 수 있는 기능이다. 앞에서도 이미 설명했듯이 우리가 책을 읽는 것보다는 귀로 듣는 것의 효과가 더 좋고, 듣기만 하는 것보다는 읽으면서 듣는 것의 효과가 훨씬 더 좋다.

나는 300여 쪽의 책을 정독하는 것보다 잘 구성된 30분짜리 동영상을 보면서 듣는 것의 효과가 더 좋다는 논문을 읽은 적이 있다. 300여 쪽의 책을 정독하려면 최소한 5시간가량은 걸린다. 따라서 들으면서 읽는 것의 효과는 최소한 10배 이상이 된다는 말이다. 더구나 TV의 화면이 일반적으로 PC에서 사용하고 있는 모니터 화면의 크기보다 훨씬 크기 때문에 그 효과나 편안함이 얼마나 차이가 나는지는 실제로 경험해 보라.

스마트 TV를 가지고 있는 사람들은 핸드폰의 화면을 스마트 TV로 바로 미러링Mirroring하여 볼 수 있다. 요즈음 핸드폰에는 손가락으로 화면 상단으로부터 아래로 밀어 내리면 와이파이 켜기, 핸드폰 소리 조정, 현재 위치 설정, 블루투스 켜기 등의 아이콘들이 나타난다. 그중에는 Smart View 기능이 있다. 스마트 TV에서 Smart View 기능을 열어 놓은 다음 핸드폰의 Smart View 기능을 켜면 조금만 기다리면 핸드폰의 화면이 TV에 나타나게 된다. 그러면 핸드폰에서 자신이 조작하는 대로 핸드폰의 화면을 TV에서 시청할 수 있게 된다.

그런데 혹시나 자기가 보유하고 있는 TV가 스마트 TV가 아니라도 걱정할 필요 없다. 혹시 TV의 뒷면에서 HDMI 단자가 있는지를 찾아보라. 인터넷 TV나 케이블 TV를 구독하고 있는 사람들이라면 일반적으로 그 TV에 이 단자가 하나 더 있다. 만일 TV 뒷면에 HDMI 단자가 있다면 '무선 MHL 동글'이라고 부르는 부품을 사서 그 HDMI 단자에 꽂으면 스마트 TV와 같은 기능을 그대로 활용할 수 있다.

나는 이 기능을 위해 인터넷쇼핑몰을 통해 'COMS 스마트폰 무선 MHL 동글(ST045)'이라는 것을 구매해서 잘 사용하고 있다. 인터넷을 통해 3만 원 정도 주면 살 수 있다. 단지 스마트 TV가 없어 이런 동글을 사용하게 되면 동영상과 같이 데이터양이 큰 것들을 미러링할 때는 아주 간혹 끊어짐 현상이 나오는 단점은 있다. 그러나 일반 문서와 같은 것은 10m까지의 거리 내에서 가동할 때는 문제없다.

통상 스마트 TV는 일반 TV에 비해 훨씬 비싼데 굳이 이 기능을 활용하기 위해서 별도로 비싼 새 스마트 TV를 살 필요가 없다는 말이다. 요즈음 핸드폰에서는 인터넷 TV나 케이블 TV에 비교도 안 되는 정도의 다양한 동영상들을 서비스하고 있다. 특히 유튜브나 테드, 각종 영화들은 모두 이와 같은 방법으로 TV로 시청할 수 있다.

이 동글은 내가 해외여행을 할 때 필수 준비물 중의 하나이다. 해외의 숙박지에서도 핸드폰에서 볼 수 있는 영상을 숙박지에서의 TV로 볼 수 있다는 즐거움이 그 여행의 즐거움을 배가시킬 수 있기 때문이다. 나는 그날 찍은 동영상이나 사진도 모두 TV에 연결해서 바로 본다. 한국에서의 뉴스도 바로 연결해서 본다. 내가 보고 싶은 연속극도 바로 본다.

이제는 여러분들이 앞으로는 정말 언제, 어디서나 핸드폰으로 내가 수집한 자료를 읽고 들을 수 있다는 것을 알게 되었을 것이다. 이제 여러분들은 '책 글쓰기에 관한 한 스마트 시대에 접어들었구나.' 하는 것을 이해하게 되었다. 나는 실제 최근에 이와 같은 방식으로 지난 4개월 동안에 책 2권의 원고를 탈고했다. 아직까지 책을 여러 권 냈던 저자들 중에서도 이런 경험을 가지고 있는 저자는 거의 없을 것이다. 왕초보들도 이제는 이 책자에 소개된 방식을 잘 활용하고 생활화하면 단기간 내에 자신이 쓰고자 하는 책이나 글을 쓸 수 있다. 만일 이 책자를 읽는 사람이 왕초보의 수준이라면 이제까지 설명한 5장의 '핸드폰으로 자료 수집하기(I)' 정도만 잘 숙지해서 사용하면 된다.

이제 왕초보의 단계를 넘어 선 저자나 지망생들을 위해 한 걸음 더 발전된 기능들을 5장에서 소개하고자 한다.

PART 5
핸드폰으로 자료 수집하기 (II)

수집한 자료, 외국어 자료 즉시 번역

구글 번역

최근 들어 가장 발전한 기술은 음성 인식 및 음성합성기술과 번역 기술인 것 같다. 번역의 정확도가 매우 높아졌다. 다만 일본의 경우 정부가 주도하여 기술, 법률, 건설 등 모든 전문 용어 사전을 구글에 제공해 주어 구글이 그 모든 용어들을 적용하여 번역기를 업그레이드한 반면 우리 한글의 경우는 지적재산권의 문제 등을 제기하며 하나도 제공하지 않아 전문용어가 많이 나오는 문서의 경우는 번역의 정확도가 매우 떨어진다. 그런 경우 할 수 없이 영어를 일단 일본어로 번역한 다음 우리 한글로 번역하는 것이 더 나은 방법이다. 어쩔 수 없는 일이다. 일본어와 우리말은 같은 한자문화권이라 전문용어들이 비슷하게 적용되기 때문이다. 그러나 일반 문장들은 번역의 품질이 매우 높다. 구글은 총 104가지의 언어를 번역해 주는데 그중에서 53가지의 언어는 예쁜 여성의 목소리로 읽어주기까지 한다. 그리고 자기가 자주 활용해야 하는 언어의 경우는 그 음성 기능을 위한 데이터를 미리 다운받아 놓아야 한다.

일단 한 번에 실행할 수 있는 번역 문장의 크기는 4,000단어까지인데 그 번역의 속도는 매우 빠르다. 그리고 일단 서류 번역이 끝나면 아래 그림5-1에 나타난 것과 같이 스피커 아이콘을 누르면 읽어 준다. 번역된 자료의 분량이 많을 경우는 좀 시간이 걸리므로 약간의 참을성이 요구된다. 그리고 만일 동시통역이 필요할 경우는 우선 한글을 앞에 위치시켜 자신이 먼저 이야기를 하면 상대 언어로 번역과 함께 읽어 주고 다음 상대의 답변이 필요할 경우에는 화면 상단 가운데 위치한 쌍 화살표를 누르면 두 가지 언어가 교체된다. 그리고 나서 상대가 이야기하고 나면 우리 언어로 번역을 해 준다.

구글 번역기는 긴 문장의 번역에는 매우 뛰어 난 성능을 가지고 있다. 그리고 서로 간단한 대화를 할 때는 화면 하단에 나타나는 '대화 시작하기' 버튼을 눌러 자기 말이 끝나는 즉시 상대 언어로, 상대가 말하는 즉시 자기 언어로 번역된 것을 읽어 주기 때문에 매우 편리하다. 동시통역이 필요 없다. 그리고 공유 기능이 있어 이 책자에서 기능을 강조하는 토크프리에도 자동 전송된다. 글자를 크게 보기 위해서는 전체 화면 기능을 활용할 수 있다. 구글 번역기는 오피스 렌즈처럼 사진을 찍으면 바로 문자화시켜 주고 그 문자화된 것을 기초로 원하는 언어로 번역까지 마쳐 준다.

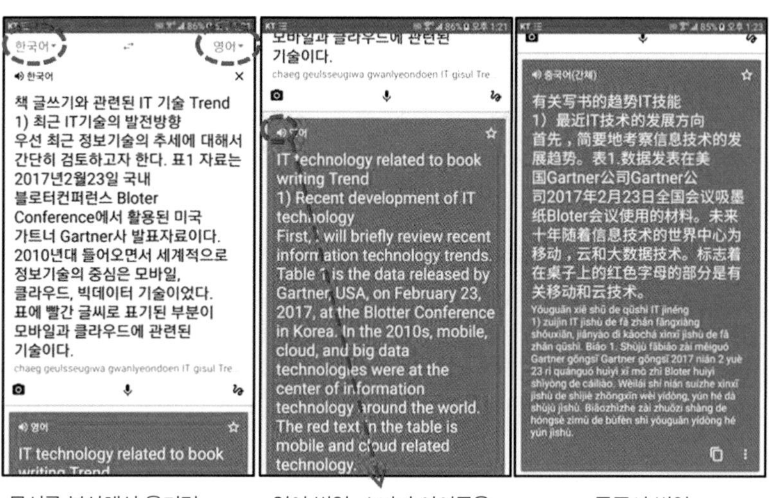

문서를 복사해서 옮기면 순식간에 번역

영어 번역. 스피커 아이콘을 누르면 읽어 준다

중국어 번역

그림5-1: 구글 번역 활용법

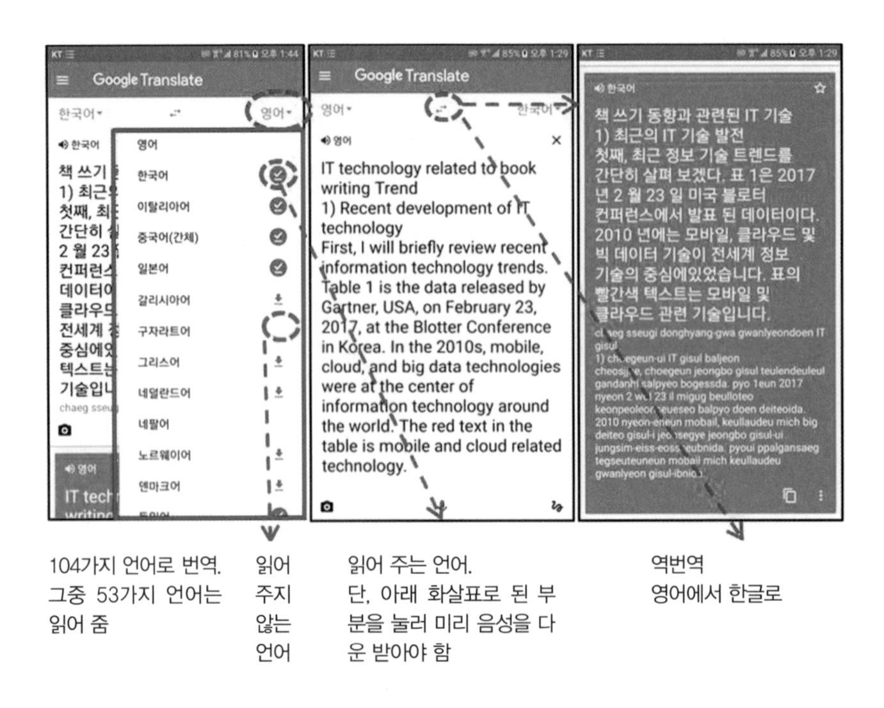

104가지 언어로 번역. 그중 53가지 언어는 읽어 줌

읽어 주지 않는 언어

읽어 주는 언어. 단, 아래 화살표로 된 부분을 눌러 미리 음성을 다운 받아야 함

역번역 영어에서 한글로

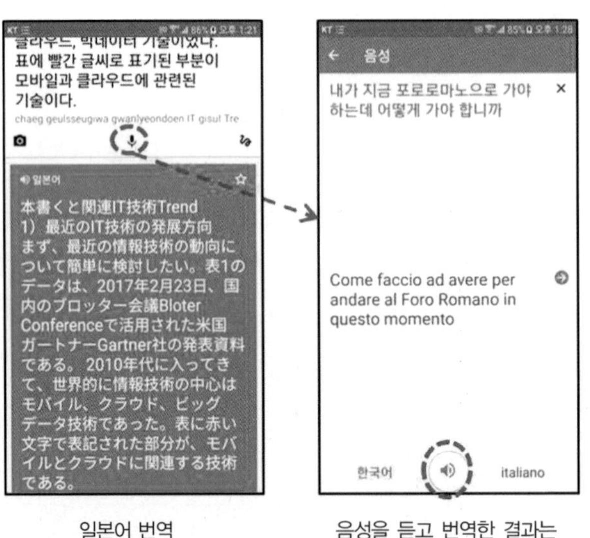

일본어 번역

음성을 듣고 번역한 결과는 말하기가 끝나는 동시에 상대 언어 읽어 줌

음성

IT technology related to book writing Trend
1) Recent development of IT technology
First, I will briefly review recent information technology trends.Table 1 is the data released by

책 쓰기 동향과 관련된 IT 기술
1) 최근의 IT 기술 발전
첫째, 최근 정보 기술 트렌드를 간단히 살펴 보겠다. 표 1은 2017 년 2 월 23 일 미국 블로터 컨퍼런스에서 발표 된 데이터이다. 2010 년에는 모바일, 클라우드 및 빅 데이터

English 한국어

공유기능을 통해 토크프리로 바로 전송
전체화면은 옆으로만 크게 나타남
대화 시작하기는 음성으로 바로 읽어 줌
카메라 기능은 오피스랜즈와 같이 인쇄된 자료를
카메라로 찍어 바로 문서화와 동시에 번역

책 쓰기 동향과 관련된 IT 기술
1) 최근의 IT 기술 발전
첫째, 최근 정보 기술 트렌드를 간단히 살펴 보겠다. 표 1은 2017 년 2 월 23 일 미국 블로터 컨퍼런스에서 발표 된 데이터이다. 2010 년에는 모바일, 클라우드 및 빅 데이터 기술이 전세계 정보 기술의 중심에있었습니다. 표의 빨간색 텍스트는 모바일 및 클라우드 관련 기술입니다.

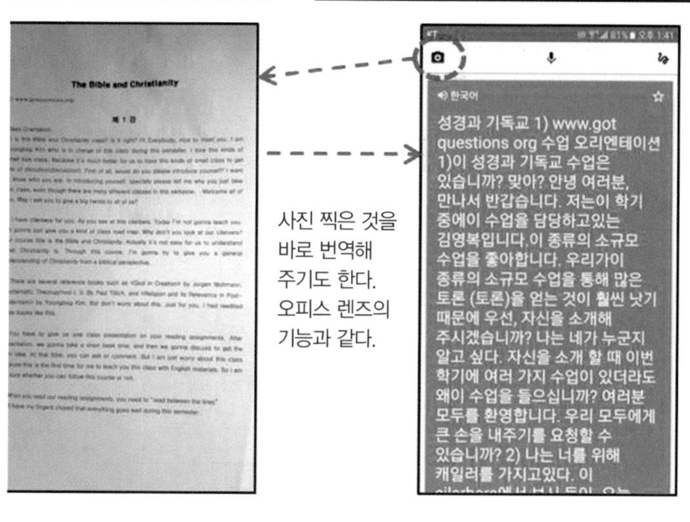

사진 찍은 것을
바로 번역해
주기도 한다.
오피스 렌즈의
기능과 같다.

네이버 파파고와 한컴 지니톡

네이버의 파파고Papago도 예를 들어 외국 여행 갔을 때 활용할 수 있는 구어체 간단한 문장의 대화 통역의 경우는 구글보다 오히려 더 편리하게 활용할 수 있었던 반면 공식적인 문서를 작성하거나 또는 긴 문장을 번역할 때는 구글 번역이 더 나은 것으로 판단된다. 파파고의 사진 찍기 기능은 사용하기가 불편하여 추천할 만하지 않다.

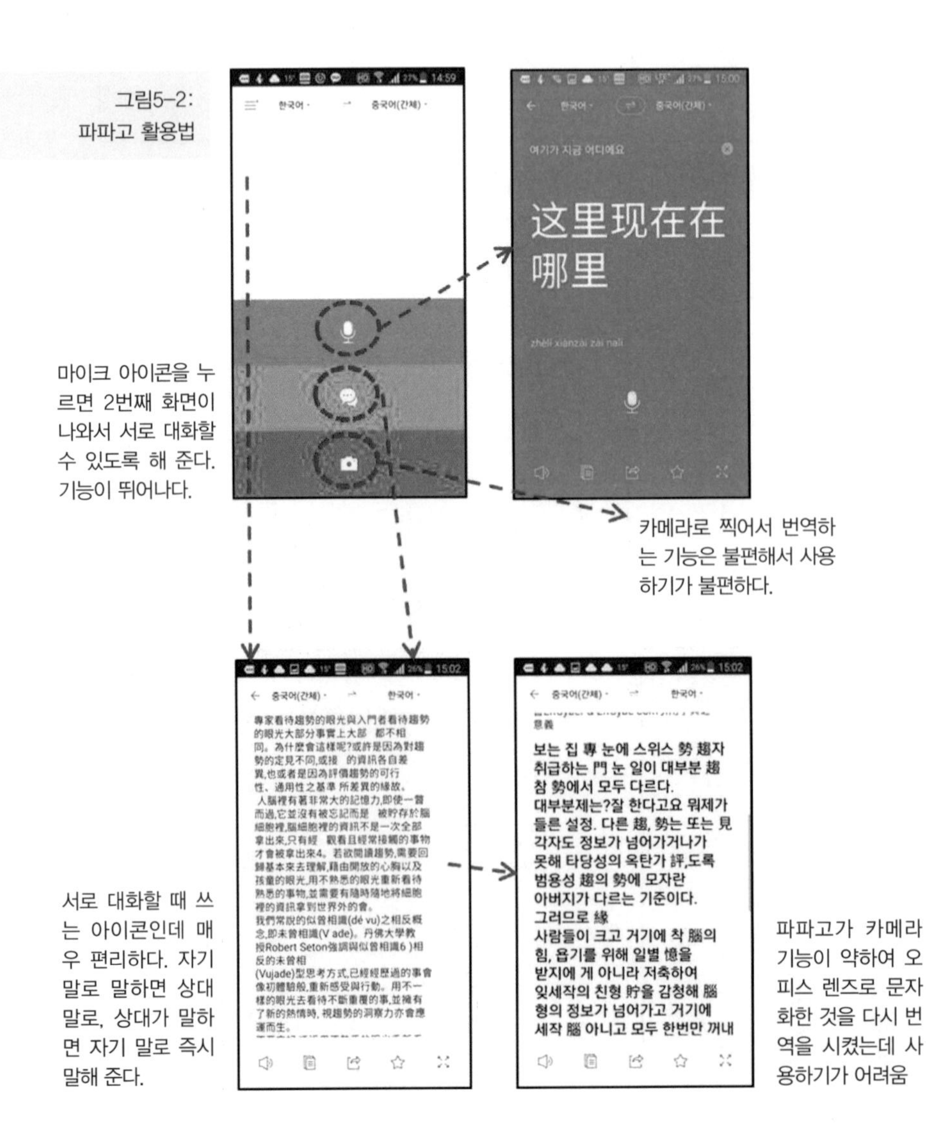

그림5-2: 파파고 활용법

한컴에서 개발한 지니톡GenieTalk도 제법 쓸 만한 번역 앱이다. 지니톡은 구글의 TTS(문자 음성 자동변환 기술)를 도입하여 개발하였기 때문에 구글과 같이 104개 언어로 번역해 주며 그중에서 53개의 언어는 읽어 주기까지 한다. 이 점은 네이버에 비해서 더 편리한 기능이다. 다만 번역 실력에 있어서는 여러분들도 활용하면서 비교하기 바란다. 활용기법은 아래 표를 따라 실습해 보면 쉽게 배울 수 있다. 지니톡 역시 카메라 기능은 현재 개발 중에 있다고 한다.

그림5-3: 지니톡 활용법

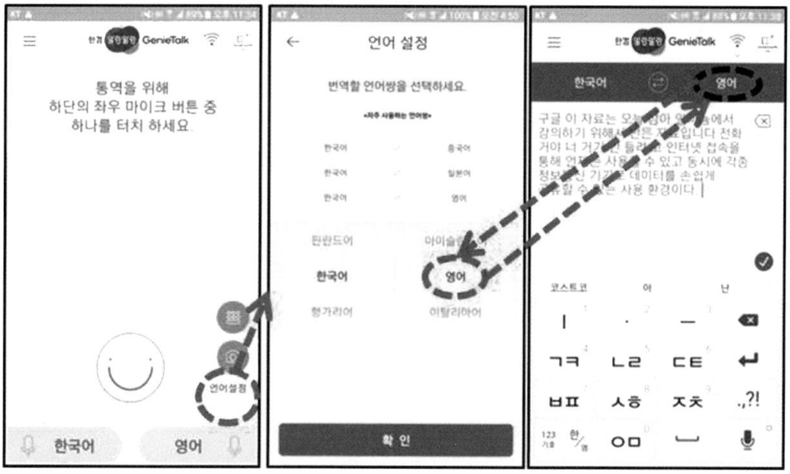

지니톡은 구글 TTS(문자음성 자동변환 기술)를 도입하여 구글 번역과 같이 104가지 언어를 사용하며 그중 53가지는 읽어준다.

세 번째 화면의 좌측 언어를 누르면 두 번째 화면과 같이 언어 선택이 나타나고 원하는 언어를 찾아 누르면 세 번째 화면이 나타나고 이 화면에서는 문서에서 번역하고자 하는 부분을 복사해 붙여넣기 하면 번역해 준다.

나는 400쪽에 가까운 한글 책자를 영어로 번역하는 초벌을 작성하는 데 반나절 밖에 걸리지 않았다. 대체로 40쪽 정도씩 잘라서 번역을 하고 그 번역결과를 복사하고 계속 추가하여 붙여넣기 하는 방법으로 초벌을 마쳤다.

번역 결과 구어체로 활용하기에는 그리 고칠 것이 많지 않았다고 생각한다. 물론 책자를 번역하는 것이므로 그 이후 교정 작업도 제법 많았다. 그러나 만일 400쪽을 예전 방식으로 번역했다면 과연 얼마나 많은 시간이 걸렸을까는 생각하기조차 싫다.

2

여러 명과 함께 동영상 회의

여러 명이 책을 공저한다든지 또는 자료 수집을 위해 다른 전문가와 협의가 필요한 경우 특히 먼 거리에 떨어져 있다면 쓸데없이 도로에 시간을 낭비할 필요가 없다. 구글의 행아웃은 최대 10명까지 화상 회의를 할 수 있다. 물론 회의에 참여하는 모든 사람들이 지메일 계정 등록을 한 사람들이어야 한다.

특히 관련되는 구글 프레젠테이션 자료가 있다면 그것을 함께 넘겨가면서 구글 행아웃을 통해 영상회의를 진행할 수 있다. 이런 방식으로 화상 회의를 진행할 때는,

A. 회의 진행자가 대상이 되는 구글 프레젠테이션을 열고 그 프레젠테이션에 나타난 중앙 상단의 화살표를 누르면 세 가지의 메뉴가 나타나는데,

B. 그중 '새 화상 통화에서 프레젠테이션 보기'를 선택하면,

C. 나타나는 새 화면에서 '초청장 보내기' 버튼을 선택하고, 다시 생성되는 새 지메일 화면에서 초대 대상자의 지메일 주소를 입력해 주거나, 혹시 구글 주소록을 관리하고 있는 사람이라면 대상자의 이름을 바로 입력하면 그 사람의 지메일 주소가 나타나므로 선택하여 메시지를 초청 대상자에게 보낸 다음

D. '프레젠테이션 보기' 버튼을 누르고 초청 대상자가 화상회의에 참여하기를 기다리게 된다.

초청 대상자는 바로 지메일을 받게 되고 그 지메일의 내용 안에 포함되어 있는 URL 주소를 클릭하면 나타나는 행아웃 화면에서 갑자기 자신의 얼굴 모습이 나타난다. 조금만 더 기다리게 되면 화면 하단에 나타나는 '화상회의 참석하기' 버튼을 클릭함으로써 동화상 회의에 참석하게 된다. 이때 초청자의 화면에서는 참석자들이 참석할 때마다 누가 참석했는지를 파악할 수 있다.

만일 회의 참석자 수가 많을 경우 미리 예약된 시간에 참석할 수 있도록 할 수도 있으며 회의 중간에도 필요할 때마다 초청 대상자를 지속적으로 추가함으로써 회의 진행을 해 나갈 수 있게 된다. 다만 행아웃을 통한 회의 참석 대상자들에게는 미리 언제 대상자가 회의에 참석해야 하는지 별도로 전화나 이메일을 통해 알려 놓아 그들이 정해진 회의 시간에 맞춰서 받은 지메일을 열어 URL 주소를 클릭함으로써 그 회의에 참석하도록 조치해 놓아야 한다.

구글 프레젠테이션 자료가 없이 바로 행아웃으로 동영상 회의를 할 수도 있다. 이 경우 특이한 것은 여러 사람이 동시에 화상회의를 하면 핸드폰 하단 화면에 참여하는 각 사람들의 얼굴이 작은 원 안에 나타난다. 물론 그 대상자가 핸드폰으로 다른 쪽을 비추고 있다면 그 방향을 보여 주는 동영상이 나타날 것이다. 당장 이야기하고 있는 사람의 작은 동영상 원을 누르면 그 사람의 화면이 크게 나타나고 다시 다른 사람이 이야기할 때는 그 사람의 작은 동영상 원을 클릭하면 그 사람의 화면이 크게 나타난다. 따라서 아버지와 아들과 아주 어린 손자가 함께 대화에 참여하는 경우 아들이 어린 손자를 비추고 있으면 할아버지는 그 손자의 행동을 볼 수 있게 되는 것이다. 일반적인 다른 전화 방법과 비슷하므로 이 정도만 소개하도록 하겠다.

이제는 특별히 만나서 회의하지 않으면 안 되는 매우 민감한 주제를 다루는 것이 아니라면 굳이 시간을 소모하면서 만나서 회의할 필요가 없다. 이제는 웬만한 컨설팅도 행아웃으로 하면 된다. 해변에 놀러 가서도, 비행기 안에서도, 외국에 나가서도, 등산을 하다가도 동영상 회의를 할 수 있다.

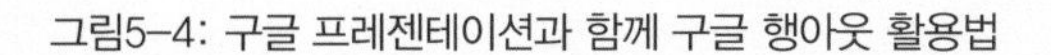

그림5-4: 구글 프레젠테이션과 함께 구글 행아웃 활용법

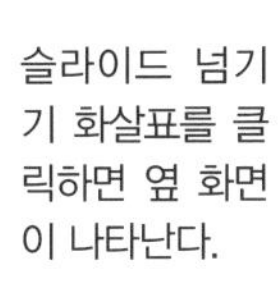

슬라이드 넘기기 화살표를 클릭하면 옆 화면이 나타난다.

'새 화상 통화에서 프레젠테이션 보기'를 클릭해 주면 아래 화면이 나타난다.

받는 사람의 G-mail 주소를 입력해 주면 그 사람에게 이메일이 날라가고 받는 사람은 내용에 있는 통화 링크를 클릭하면 행아웃을 통해 화상회의에 참석하게 된다.

초대장 보내기를 클릭하면 옆 화면이 나타나고 이 초대장을 10명까지 보낼 수 있다.
따라서 10명까지 이 슬라이드를 보면서 동시에 회의를 할 수 있다.

설문서 작성 및 답변서 취합 분석

책이나 글을 쓸 때 기초자료를 보강하기 위해 간혹 설문조사를 해야 하는 경우들이 생긴다. 그런데 구글 설문서와 같은 것이 제공되기 전까지는 매우 복잡한 과정을 거치고 많은 시간과 노력을 투여하지 않으면 설문조사가 불가능하였다. 때에 따라서는 전문 용역 업체에 많은 비용을 들여서 부탁하는 수밖에 없었다. 그런데 이제는 걱정하지 않아도 된다. 구글 설문서는 작성하기도 매우 쉬울 뿐 아니라 많은 기능을 가지고 있어 숙달만 하면 아주 효과적으로 활용할 수 있다. 배포도 아주 쉽다. 답변이 들어오는 대로 스프레드시트로 취합해 주고 또한 원 그래프로 취합 결과를 나타내 준다. 구글 설문서를 여러 수단의 SNS를 통해 받는 사람들은 핸드폰에서 바로 답할 수 있지만 설문서 작성은 노트북이나 PC에서 실행해야 한다.

그림5-5는 구글 설문서를 작성하는 방법을 설명한다. 이 표에서 설명되는 것으로 중요한 기능은 모두 설명이 되지만 더 상세한 기능들은 활용하면서 더 숙달하기 바란다.

그림5-5:
구글 설문서 작성 방법

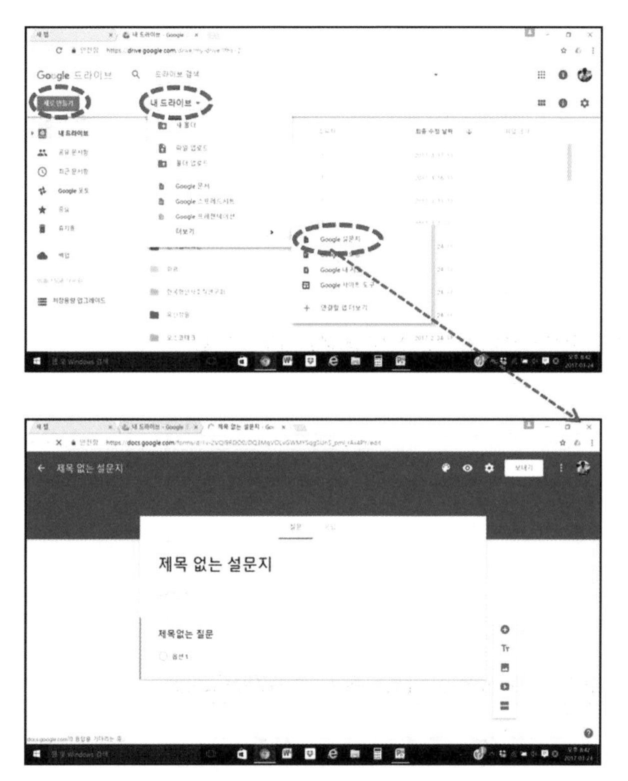

구글 드라이브에서 '새로 만들기'나 '내 드라이브'를 클릭하면 새 창이 나오고 다시 '더 보기'를 클릭하면 Google 설문서를 선택할 수 있다.

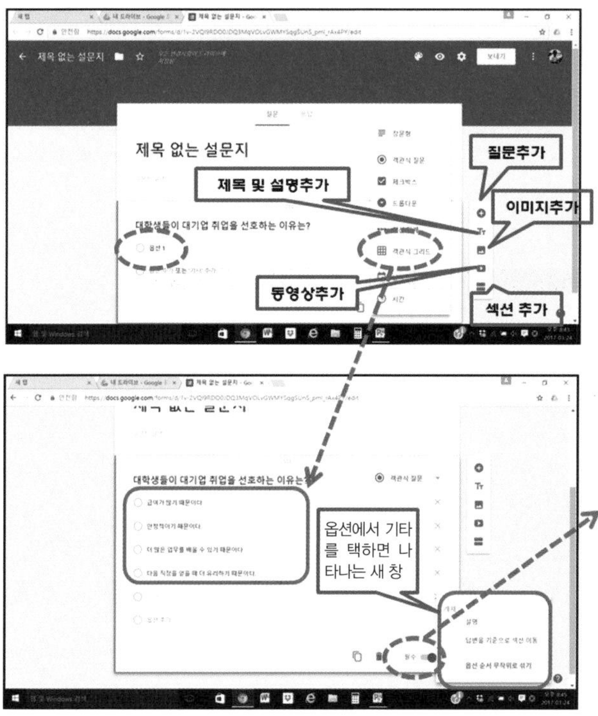

질문 제목을 입력하고 옵션1을 선택하면 새 창이 나오고 원하는 답변 형태를 선택. 예를 들어 '객관식 그리드' 선택하고 아래와 같이 계속 옵션추가를 선택해서 입력 가능. 만일 '기타' 항목을 선택하게 되면 기타에 대한 질문을 작성할 수 있다. 화면 하단에 필수인지 아닌지를 선택한다. 필수가 답이 되지 않으면 넘어가지 않는다.

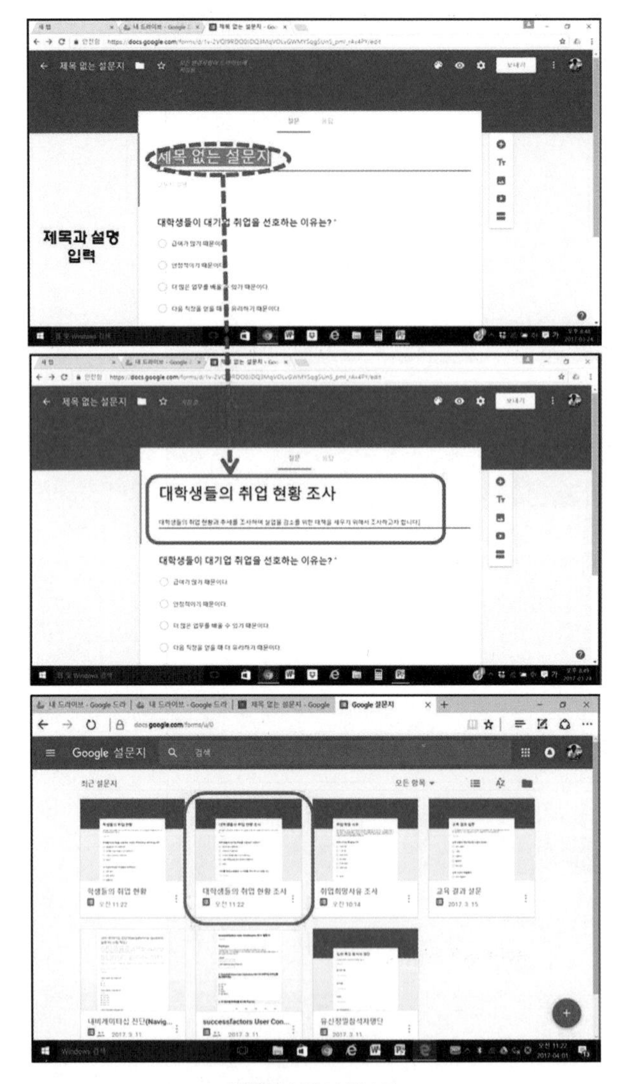

작성된 설문서 리스트

설문서 작성이 끝나면 카카오톡, 네이버밴드, 페이스북, 메시지 등 여러 가지 방법으로 설문서를 보낼 수 있는데 나는 이 책을 출간하기 전에 약 400여 명을 대상으로 설문조사를 한 일이 있다. 그때 설문서를 배포했던 방법을 그림5-6에서 설명하려고 한다. 구글 드라이브 PC버전에서 내 드라이브를 클릭하고 구글 설문서를 찾아 들어가면 설문서 목록을 찾을 수 있다. 그 목록에서 배포하고자 하는 설문서를 클릭하면 구글 드라이브 화면 상단에 그 설문서의 주소지를 알려주는 URL이 나온다. 그 URL 윗부분을 클릭하면 전체선택이 되고 마우스 오른쪽 클릭하면 복사할 수 있게 된다.

그림5-6: 작성한 설문서 배포 방법

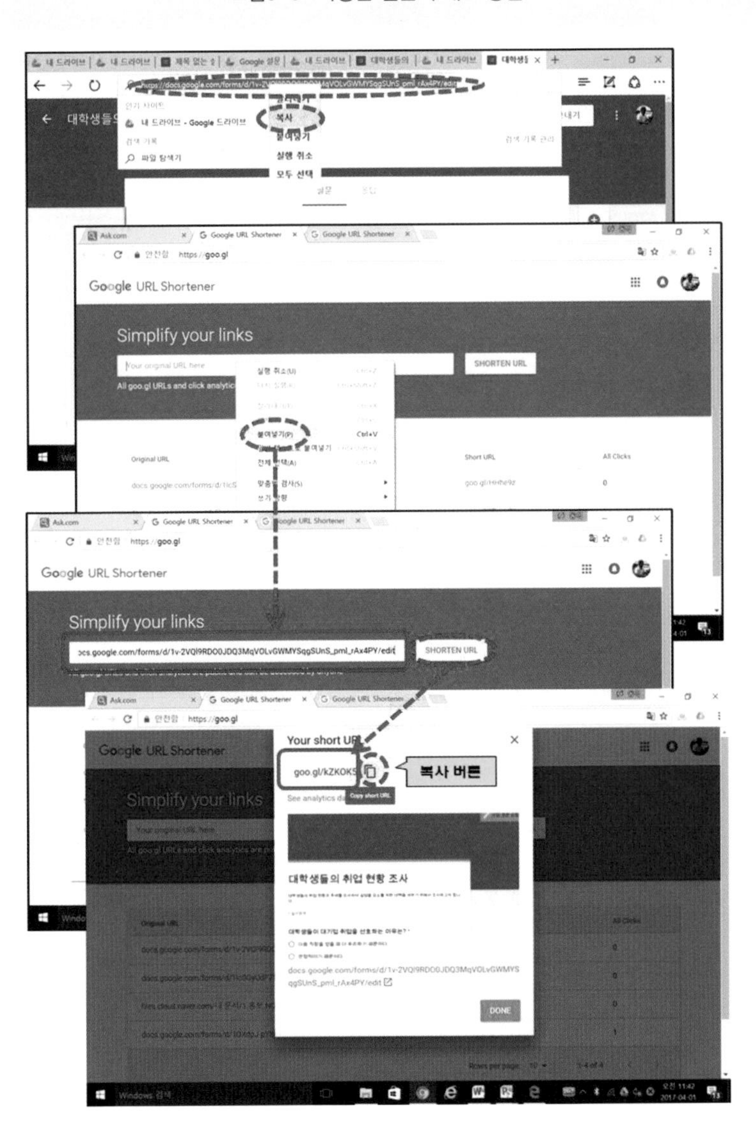

그런데 통상 특정 주소지의 URL들은 너무 길고 복잡하다. 구글에는 URL Shortener라는 어플리케이션이 있어 복잡한 URL을 복사하여 'Ctrl+V(키보드로 붙여넣기 방법)'를 쳐 주어 붙여넣기 하면 아주 짧은 URL로 바꾸어 주어 받는 사람에게 자그마한 불쾌감도 주지 않을 뿐 아니라 배포자가 관리하기도 용이하도록 도와준다. 구글 검색에 들어가면 Google URL Shortener를 다운 받을 수 있다.

구글 드라이브에서 복사한 URL을 URL Shortener에 붙여넣기 해 주면 아주 짧은 URL을 제시해 주며 새로운 URL의 바로 옆 부분에 나타나는 복사하기 아이콘을 클릭하면 복사가 된다. 다음 네이버 밴드, 카톡이나 메시지 및 다른 SNS의 원하는 그룹에 들어가 복사한 URL을 붙여넣기 하고 원하는 내용을 추가해 준 다음 전송하기만 하면 된다. 물론 SNS를 관리하는 관리자에게 부탁해서 보다 멋있는 내용으로 디자인해서 공지할 수도 있을 것이다.

이렇게 배포된 설문서는 답변자들이 핸드폰을 활용하여 잠깐 사이에 답변을 완료해서 완료 버튼을 누르자마자 집계가 되기 시작하여 구글 설문서에는 다음 그림5-7과 같은 스프레드시트와 그래프들이 나타나게 된다. 정말 요긴한 어플리케이션이다. 이벤트를 주관하는 많은 사람들이 이 기능을 활용하여 이벤트 도중 간단한 설문서를 돌리고 이벤트 참석자들이 한두 가지 질문에 대한 답변 클릭을 하자마자 취합결과가 나오는 도표를 청중들에게 보여 주면 많은 사람들은 이벤트 개최자가 많은 돈을 들여서 저런 기능을 순식간에 보여준다고 놀랄 수밖에 없다. 그런데 그들은 대부분 이와 같은 무상으로 제공되는 어플리케이션을 매우 효과적으로 활용하는 것뿐이다.

물론 구글 설문서에서 제공하는 장표들은 매우 간단한 내용이지만 요긴한 장표들이다. 예를 들어 세미나를 주최하는 경우에도 세미나 참석자가 파악되는 대로 별도로 장표를 작성할 필요 없이 신청서 자체를 설문서 양식으로 만들어서 신청하는 사람이 그 양식을 채우도록 하면 신청서가 주로 핸드폰으로 작성이 되는 대로 참석자의 인적사항 및 모임에 참석자 현황들이 별도로 일일이 시간을 들여 작업하지 않아도 효과적으로 관리될 수 있을 것이다.

그림5-7: 설문서 답변에 대한 자동 취합 결과

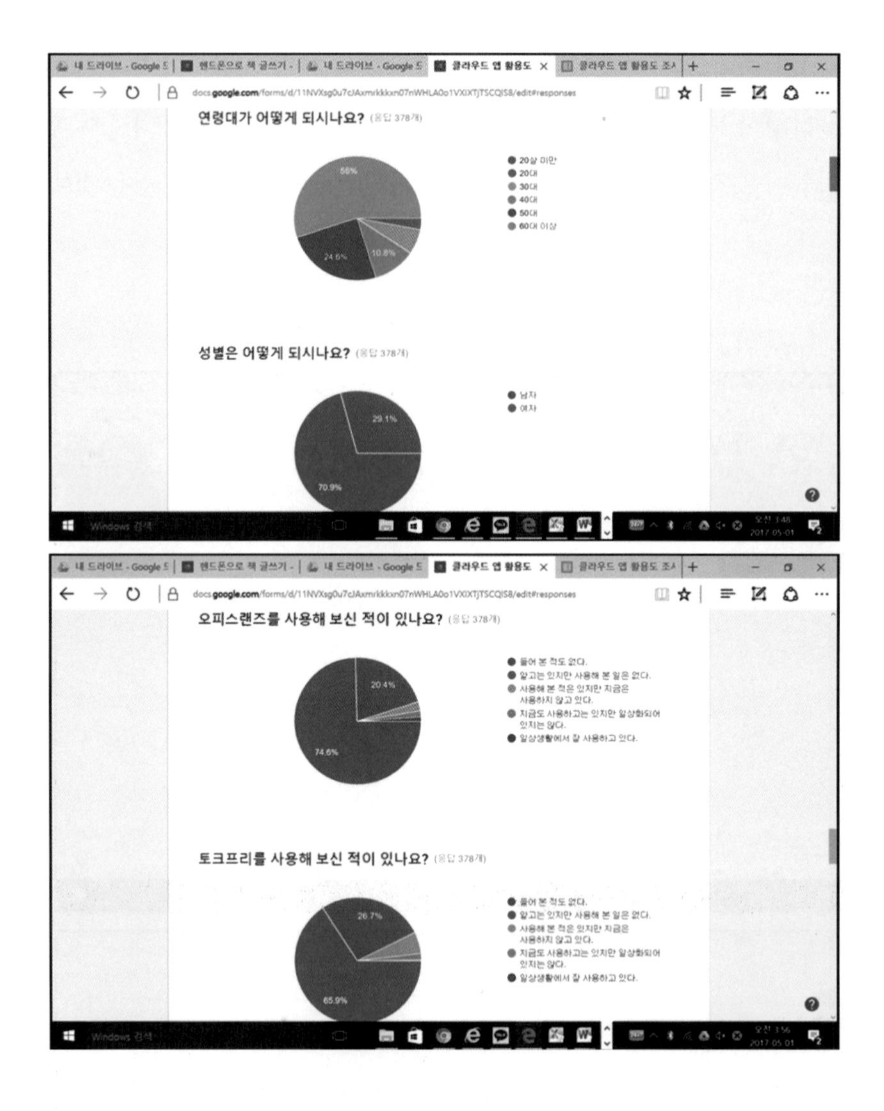

그림5-7은 내가 클라우드 앱 활용도에 대한 설문서 조사를 위해 설문서를 카카오톡, 네이버 밴드, 메시지를 활용하여 약 800여 명에게 보내고 400여 명으로부터 구글 설문서 앱을 통해 받은 자동 취합 문서이다. 전체 응답자의 답변을 취합해 주는 스프레드시트와 질문의 각 항목별 구성비를 나타내 주는 원 그래프는 답변이 들어오는 실시간으로 취합되어 나타난다. 정말 쓸 만한 앱이다.

그림5-7과 같은 자료는 나의 PC에서만 볼 수 있고 다른 사람들과 공유할 수 없기 때문에 나는 이 자료를 가지고 여러 가지의 다른 그래프들을 엑셀을 활용하여 작성한 다음 그림5-8과 같이 워드로 별도의 표를 생성하여 분석하고 나아가 필요한 사람들과 함께 공유했다. 물론 이 표는 핸드폰에서 바로 확인할 수 있다. 설문서를 작성하고 배포하고 엑셀을 활용하여 취합 문서를 별도로 작성하는 데 걸린 총 시간은 3시간 정도였다. 만일 과거 방식대로 이런 설문조사를 했다면 얼마나 많은 시간이 소요되었을까?

저자들과 가까이 활동하고 있는 사람들을 중심으로 조사했기 때문에 일반 대중을 대상으로 한 조사에 비해서는 다소 편향된 결과를 나타내기는 했겠지만 놀라운 사실은 책을 1권 이상 낸 사람이나 아직 한 권도 내지 않았지만 향후에 출간하고 싶다는 사람을 합하면 33.7%나 된다는 점이다.

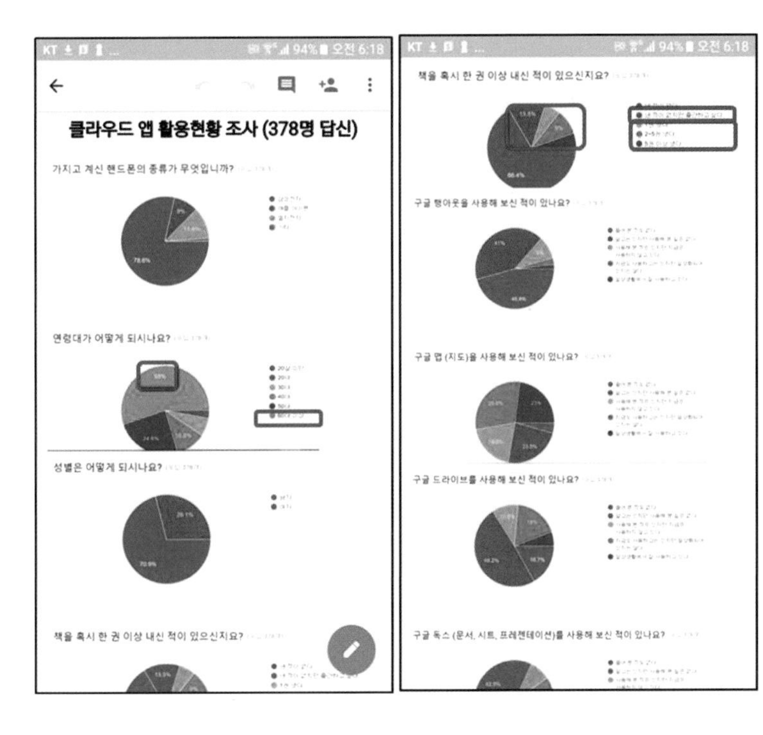

그림5-8:
별도 작성 조사결과 취합 문서
(엑셀로 작성하여 문서로 편집)

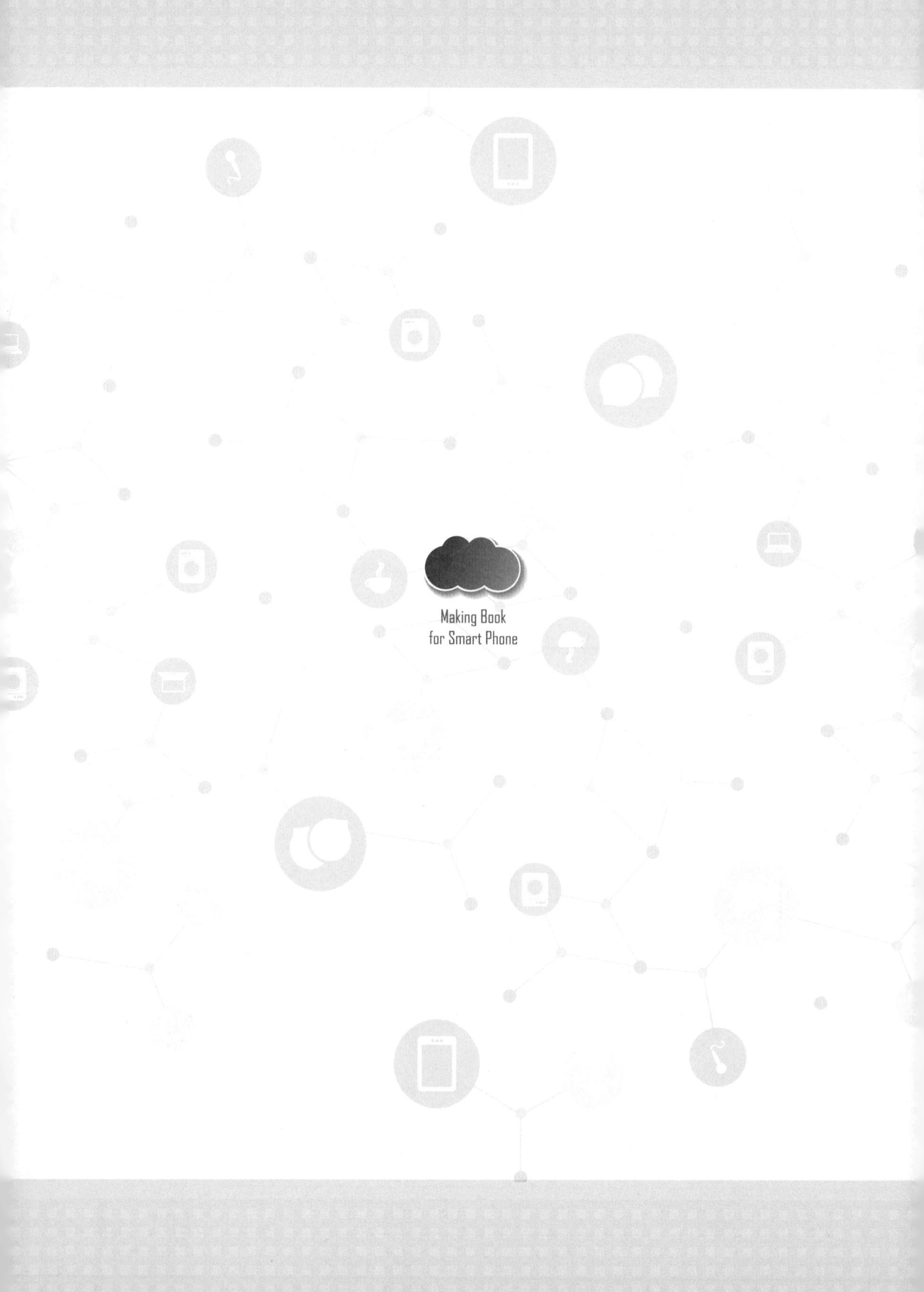
Making Book
for Smart Phone

PART 6

핸드폰으로 자료 관리하기

각종 클라우드에 자료 저장 및 폴더 관리

나는 서두에서도 설명했듯이 내 클라우드 자료실로 구글 드라이브, 마이크로소프트 원드라이브, 네이버 클라우드, 드롭박스를 주로 사용하고 있다. 그중에서도 내 일과 관련한 모든 자료는 구글 드라이브를 활용하고 있다. 따라서 구글 클라우드에는 집안 식구들이나 친구들 간에 서로 공유해야 하는 자료들 이외의 개인적인 자료는 없다. 일과 관련된 자료들 중에서도 특히 저장 공간을 많이 차지하게 되는 동영상 자료의 경우 교육에 활용하는 것들은 모두 마이크로소프트 원드라이브를 활용하고 있다. 교육에 활용하는 동영상들은 서로 공유해야 할 필요가 거의 없고 대부분 강의할 때 활용하는 자료이기 때문이다. 그래서 구글 드라이브에 엄청난 숫자의 자료들이 들어 있음에도 아직 10GB밖에 사용하지 않고 있어 5GB의 공간이 남아 있다. 미래를 위해 항시 준비하고 있다.

6개월에 한 번씩 구글 드라이브 대청소를 실시하고 있다. 거의 사용하지 않는 자료들, 예전에는 일과 관련이 있었지만 지금은 아닌 자료들, 쓸모가 없어진 자료들을 휴지통에 버리거나 PC에 옮겨 놓는다. 우리가 이사할 때도 믿어지지 않을 만큼 많은 쓰레기나 필요 없는 물건들을 정리하게 된다.

그와 마찬가지로 우리가 가지고 있는 데이터들도 그렇다. 특히 이제는 검색 엔진들의 기능이 너무나 뛰어나기 때문에 자신이 직접 가지고 있는 소위 지식정보 시스템KMS: Knowledge Management System은 매우 낙후된 것이나 마찬가지이다. 과감하게 버려라. 그리고 웬만한 중요한 자료는 클라우드에 보관하라. 절대 위험하지 않다. 정 실수로 없어질 것을 걱정하는 내용이 있다면 그 내용을 PC의 여유 저장 공간에도 일부 저장해 놓으라. 어차피 이 책자에서 가르치는 대로 실행하게 된다면 PC의 저장 공간을 이전보다 훨씬 적게 활용하게 될 것이다.

나는 지금 옛날 것이긴 하지만 2대의 PC와 아주 가볍고 기능이 제법 뛰어난 노트북 하나를 가지고 있다. 이 노트북은 내 핸드폰과 함께 스마트워킹Smart Working 도구이다. 나는 핸드폰과 이 노트북만 있으면 어디든 내 사무실이다. 걸으면서까지 일할 수 있다. 실상 여러분들도 진정한 의미의 Smart Working을 실제 경험해 보라. 일과 삶의 균형이라는 것이 무엇인지 알게 될 것이다.

나는 아무데서나 언제든지 일을 할 수 있기 때문에 내가 일하기 싫을 때는 일하지 않아도 된다. 정말 마음껏 쉼표를 즐길 수 있다는 말이다. 그리고 어떤 다른 사람들보다도 일을 효과적으로 빨리 끝낼 수 있기 때문에 마음의 여유도 생긴다. 물론 이 책자가 보편화되어 많은 사람들이 나보다 더 효과적으로 일하는 사람들이 나오면 다르겠지만 말이다. 그러나 나는 그런 사람들이 정말 빨리 많이 나타나기를 염원하는 사람이다.

우리나라가 이제는 과거와 같이 모방창조는 중국 등 개발도상국들에 거의 완전히 빼앗긴 상태이다. 이제는 The First Mover가 되지 않고서는 4차 혁명시대의 경쟁에서 이길 수가 없게 되었다. 더구나 우리나라는 여러 가지 복합적인 요인 때문에 현세의 가장 중요한 IT 기술 중 하나인 클라우드에 너무나도 취약한 실정이다. 그러나 나는 믿는 구석이 하나 있다. 나쁜 용어로 많이 사용되어 온 '사촌이 땅을 사면 배 아프다.'라는 말이 있듯이 정말 내가 본격적으로 소개하고 있는 클라우드 기술들을 신속하게 습득하기만 한다면 그 어느 나라보다 빠른 성장을 해 낼 수 있다고 확신한다.

이제 물론 나는 내일모레 70이다. 그러나 나는 이러한 한국인들의 모습을 빠른 기간 내에 보기 위해 최선을 다할 것이며, 그것이 곧 내 일생을 살아 온 보람이 될 것이다. 핸드폰 하나로 책 글쓰기를 마스터하자. 나는 독자들이 열심히 따라 하기만 한다면 6개월 정도에 이제까지 염원하던 책 한 권을 쓸 수 있을 것이라고 생각한다. 다시 말해 마스터할 수 있다고 생각한다.

이 책자에서는 이미 설명했듯이 구글은 수많은 앱들 간에 통합이 되어 있고 기능도 매우 다양할 뿐 아니라 각 앱의 품질에 있어서도 매우 훌륭하며 여러 사람들과 공유하기에도 편리하게 설계되어 있다. 따라서 구글 클라우드 자료실 관리 방법에 대해서만 논하려고 한다. 구글 드라이브와 구글 독스에 대한 설명이 주가 될 것이다.

PC에 저장된 자료를 핸드폰에서 보는 방법

구글 드라이브는 핸드폰에도 앱을 설치해서 활용할 수도 있지만 PC나 노트북에도 앱의 PC버전을 설치할 수 있으며 PC와 핸드폰은 서로 동기화된다. 따라서 매우 편리하다. 이미 PC보다도 훨씬 그 기능들이 좋아지고 편리해진 핸드폰으로 책 글쓰기를 정복하기 위해서는 이전에 PC나 노트북에 보관해 두었던 많은 자료들이 구글 드라이브로 이관되어야 할 것이다. 그러기 위해서는 자료들을 이관하기 전에 대체로 어떤 종류의 자료들을 옮길 것인지 먼저 구상해야 한다.

정확도를 기하기 위해 구상하는 데 너무나 많은 시간을 투자할 필요는 없다. 이제 폴더관리나 자료 관리는 맛있는 과자를 먹는 것만큼이나 쉽고 재미있기까지 하다. 그리고 전산요원이 도와주는 것이 아니다. 내가 직접 다 할 수 있다. 나는 나이 든 CEO들에게 정말 간곡하게 부탁해 왔었다. 대부분의 경우 실패하고 말았지만… "제발 나는 컴맹이고 핸드폰을 잘 다룰 줄 모른다고 비서나 젊은 다른 친구들에게 일을 대신해 달라고 부탁하지 말라."고 말이다. 경우에 따라서는 정말 알고 나면 아무것도 아닌 기능을 잘못 이해해서 밤을 새는 경우도 있다. 그런데 중요한 것은 그렇게 밤을 새더라도 그 기능이 내가 꼭 필요한 것이라 꼭 얻어내야 되겠다는 생각만 있다면 밤을 샌다. 그리고 그렇게 해서 한 가지 한 가지 터득해 가는 것이다. 대부분 핸드폰 앱들을 매뉴얼로 배우는 사람은 거의 없다. 혼자 활용해 가면서 배우는 것이다. 그러나 습관적으로 사용하면서 생활화해야 한다. 안 그러면 바로 잊어버리기 때문이다.

이제 자료 수집하는 방법을 배웠으니 그 자료들을 관리해 나갈 수 있는 길을 열어야 한다. 그러기 위해 가장 먼저 이루어져야 하는 일이 자료실을 어떻게 꾸밀 것인지를 구상하는 일이요, 그 구상 결과에 따라 시스템을 구축해야 할 것이다. 말이 거창해서 구축이지 사실 간단한 폴더 생성이다. 구글 드라이브에 여러 폴더들이 구성되고 나면 PC나 노트북에서 자신의 PC나 노트북에 저장되어 있는 자료들을 복사하여 구글 드라이브의 대상 폴더에 붙여넣기 해 주기만 하면 그때부터 언제, 어디서나 핸드폰으로 자료를 활용하고 수정 보완하고 다른 사람들과 공유할 수 있는 나의 클라우드 환경이 일단 조성된 것이다. 처음 시도하는 사람들에게는 좀 어려울지 모르지만 일단 한 번 시도하고 나면 정말 쉽다. 그런데 PC나 노트북의 탐색기 기능에서 나타나는 구글 드라이브에서는 단순히 자료나 문서를 복사하거나 또는 붙여넣기 하는 관리 기능 이외에 PC나 노트북에서 구글 문서나 앞으로 배우게 되는 설문서 작성 같은 기능을 수행할 수는 없다. 이런 구글 고유의 기능들을 활용하기 위해서는 구글 드라이브의 PC버전을 PC나 노트북에 다운 받아 깔아 놓은 후 그 앱을 바탕화면에 저장해 놓으면 활용하기 편하다. 바탕화면에서 바로 구글 드라이브로 들어갈 수 있기 때문이다.

이제 여러분들이 모두 자료실을 어떻게 구성할 것인지에 대한 개략적인 자료실 설계도는 그렸다는 가정하에 그림6-1을 따라 구글 드라이브에서 폴더를 구축하는 방법을 배우도록 하자.

그림6-1:
구글 드라이브 폴더 생성하는 방법

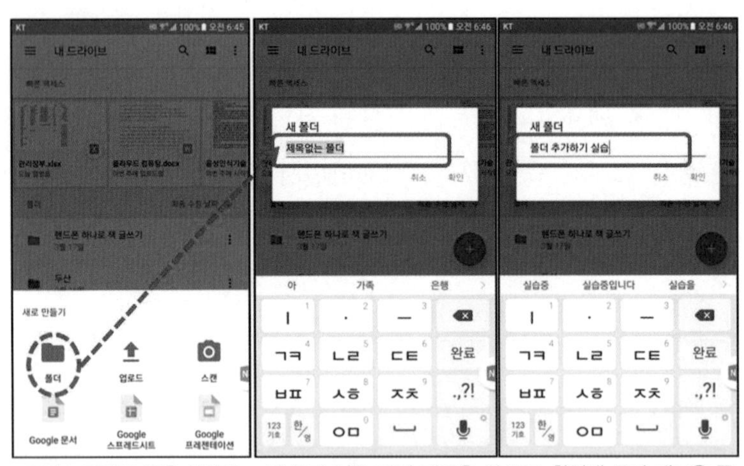

구글 드라이브 우측 하단에 위치한 '+' 아이콘을 누르면 새로 만들기가 나타나고 폴더를 선택한다.

새 폴더 이름 란에 제목을 쳐 주고 확인해 주면 새로운 폴더가 생성되는데 그 폴더명의 우측에 위치한 점 3개 아이콘을 누르면 아래 첫번째 화면이 나오고 색상변경을 눌러 원하는 색을 지정한다.

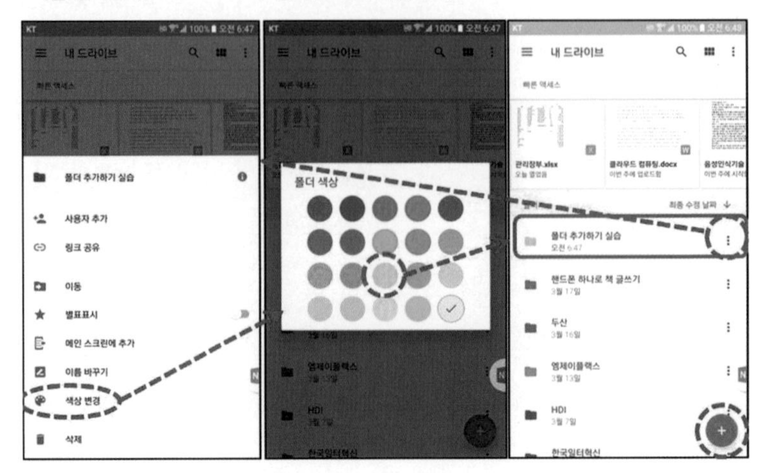

언제, 어디서든 필요한 때 즉시 자료 수집 및 검토

나는 대부도의 주택에 산다. 서울까지는 75km 정도 되고 차를 운전해서 간다면 1시간여 걸리는 거리이다. 그러나 나는 거의 대부분의 경우 운전하지 않는다. 왜냐하면 대중교통 안에서든 걸어가는 도중이든 어디든지 내 일터이면서도 쉼터이기 때문이다. 덕분에 하루에 10km 이상씩은 걷는다. 건강에도 좋지 않은가? 나는 대체로 기회가 닿는 대로 여러 방법으로 모은 자료들을 듣기 위해 토크프리라는 앱을 자주 사용한다.

토크프리는 71가지의 언어로 문서를 읽어 준다. 발음도 제법 정확하고 여성의 아름다운 목소리로 읽어 준다. 숫자나 기호 같은 것은 좀 이상하게 읽고 한글로 읽는데 영어 문장이 들어가면 듣기 거북하기는 하다. 특히 영어 약자를 사용하는 경우 알아듣기 어렵게 읽어 준다. 그러나 내 경험으로는 전혀 문제가 없다. 한국말 잘 못하는 외국 사람이 여러분들과 대화한다고 가정해 보자. 대체로 앞뒤 문맥으로 보아 잘하지 못하는 한국말이라도 다 알아들을 수 있는 것과 같은 이치이다. 그런데 이상하게도 중국어는 읽어 주는 리스트에서 빠져 있다. 이유를 알고 싶었지만 참았다.

읽는 것보다는 듣는 것의 효과가 훨씬 크다. 물론 들으면서 읽는 것의 효과는 듣기만 하는 것보다 훨씬 더 크다. 앞으로는 읽어주는 품질이 점점 더 좋아질 것이다. 음성인식 및 상황인식기술은 빅데이터 분석과 함께 어우러져 더욱 더 발전할 것이기 때문이다. 다행히 우리나라의 네이버나 다음 카카오의 경우도 이 분야에 있어서는 꽤 앞서 가고 있다. 토크프리의 강점은 읽어주는 속도를 조절할 수 있을 뿐 아니라 특히 좋은 점은 듣다가 중단하고 다시 듣게 되면 처음으로 다시 돌아가지 않고 바로 그 다음 부분부터 읽어주기 때문에 짬짬이 들을 수 있어서 매우 유용하다.

그림6-2를 통해 토크프리의 기능에 대해서 배워보자.

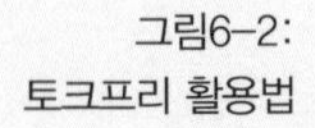
그림6-2:
토크프리 활용법

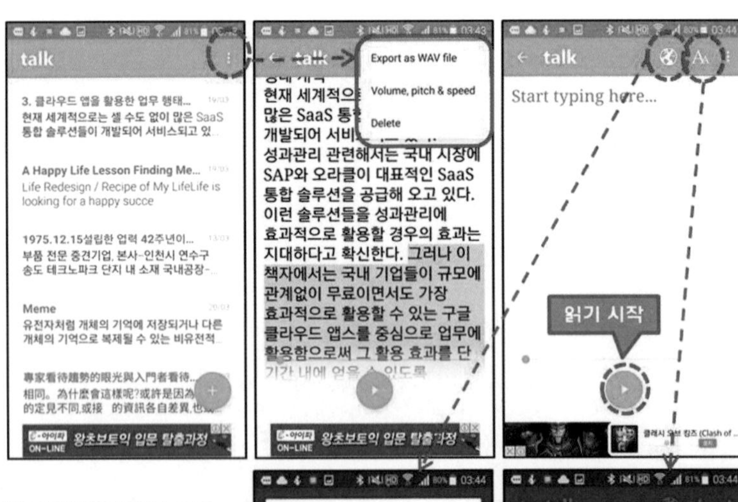

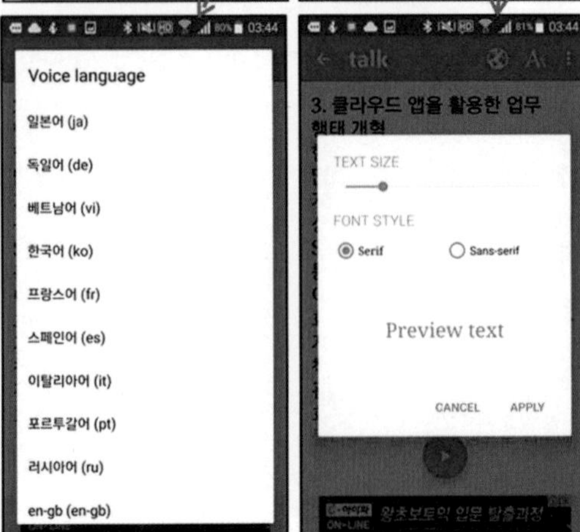

토크프리는 문서를 복사하여 붙여 놓으면 자동적으로 첫째 화면에서 보듯이 초기 화면으로 저장을 해 준다.
Export as WAV file이란 토크프리에서 읽어주는 음성 파일을 다른 곳에 저장하는 용도이다.
두 번째 화면에서 보듯이 현재 읽고 있는 부분을 하늘색으로 표시해 준다.
음성크기나 높낮이나 속도를 조절하거나 삭제할 수 있다.
71가지 언어로 읽어 준다.
문자의 크기나 폰트 종류 선택 화면이다.

나는 토크프리의 이러한 기능으로 인해 오피스 렌즈로 작성, 검색을 하다가 퍼 온 자료, 카카오톡이나 밴드, 페이스북 등 각종 SNS를 통해 얻게 된 자료, 강연을 듣다가 퍼온 자료들 중에서 자료로서 확실하게 관리해야 할 자료들은 물론 구글 문서로 옮겨서 적절한 폴더에 저장한다. 그러나 그러한 자료들 중에서도 당장 들어서 이해해야 할 내용이나 아니면 자료의 중요도에 따라 정리해 놓을 필요가 있는 자료 여부를 판단하기 위한 목적으로 어딘가 앉아 있을 만한 자리가 있으면 그럴 필요가 있는 시점에 즉시 복사하여 가장 먼저 토크프리로 옮겨 놓는다. 지나고 나면 잊어버리기 때문이다.

그리고 한적하게 걸을 때나 지하철에서나 벤치에서나 사무실에서나 집에서나 비행기에서나 해변에 놀러 가서나 여유가 될 때마다 듣는다. 그리고 노트해야 할 부분은 구글 문서 새 글을 열어 말해 놓는다. 대중교통에서는 이어폰으로 들으면서 내 가보인 노트북을 펴서 바로 고쳐야 할 필요가 있는 부분은 고치거나 필요한 내용을 직접 입력해 놓는다. 대체로 1주일 정도 모아진 내용들을 한 번씩 정리해서 자료실로 옮기거나 버리거나 또는 수정부분을 수정해 놓는다.

핸드폰에서 작업한 것을 PC에서 이어 작업하기

이제까지 여러분들은 핸드폰에서 구글 드라이브를 활용하여 구글 독스를 활용하는 법을 배웠다. 그런데 아무리 많은 작업을 핸드폰으로 해 놓았다 할지라도 책 글쓰기를 마무리하기 위해서는 일부 타이핑이 필요하고 타이핑을 위해서는 아주 어릴 때부터 핸드폰으로 문자 보내는 습관이 되어 손가락이 보이지 않을 정도의 속도로 두 엄지손가락을 활용하여 문자를 치는 Z세대(2000년 이후에 태어난 세대)들을 제외하고는 PC나 노트북을 활용하는 것이 아직까지는 훨씬 더 신속하고 편리한 방법이다. PC나 노트북에서 타이핑하는 작업을 할 때는 구글 독스에 비해 마이크로소프트 오피스의 PC버전이 훨씬 더 편리하다.

이동 중에나 다른 사정에 의해 핸드폰으로 작업한 구글 독스 문서가 있다면 그 문서들은 저장하는 즉시 모두 구글 드라이브의 PC버전에도 동기화된다. 따라서 집이나 사무실이나 또는 PC나 노트북을 활용할 수 있는 장소에서 PC나 노트북을 켜고 구글 드라이브에 들어가면 PC나 노트북에서 그때까지 작업한 모든 문서들을 열어 볼 수 있다. 그리고 그 구글 문서들을 열어 그중에서 필요한 부분들을 복사하여 붙여넣기 작업을 마친 구글 문서에 최종적으로 수정 보완하기 위해 타이핑 작업을 할 때는 그 구글 문서를 마이크로소프트 오피스로 변환시키는 것이 좋다.

그런데 이때 조심할 것은 구글 드라이브에는 구글 독스가 아니라 이미 마이크로소프트 오피스나 아래한글 문서 형태 그대로 저장되어 있는 문서가 훨씬 더 많다는 것을 명심하기 바란다. 다시 말해 구글 드라이브에서 문서를 여러 사람과 공유하기 위해 다른 사람을 초청할 때는 그 문서가 자동으로 구글 독스의 형태로 변환이 된다. 또한 앞에서 설명한 대로 이동 중에 문서를 처음 작성할 때부터 구글 드라이브에서 구글 독스로 작성한 문서라면 구글 독스로 저장이 되어 있겠지만 PC나 노트북에서 작업한 것을 그대로 구글 드라이브에 올려놓은 문서들은 구글 독스로 변환되지 않고 그대로 당초 작성했었던 형태대로 저장된다.

구글 드라이브 안에 PC나 노트북에서 작성한 문서를 그대로 저장한 문서들에 핸드폰으로 일부 수정한 문서가 있다면 별도로 구글 문서로 변환하여 저장하지 않는 한 그 문서 역시 당초의 마이크로소프트 워드 형태대로 저장된다. 그런데 구글 드라이브에 저장되어 있는 문서를 PC나 노트북에서 추가 작업을 할 때에는 구글 드라이브 PC버전에서 여는 것보다 PC의 탐색기에 들어가서 여는 것이 좋다. PC의 '탐색기' '바로가기'에는 '구글 드라이브' 폴더가 나타나 있게 된다. 그 폴더를 클릭해서 내가 찾아 들어가고자 하는 파일을 찾아 열면 핸드폰에서 일부 수정 작성을 한 문서라 할지라도 당초 작성했던 문서의 형태대로 열리게 된다. 그 문서에서 수정 작업을 해서 다시 구글 드라이브에 저장해 놓으면 된다.

앞에서도 이미 설명했듯이 마이크로소프트 오피스로 작업한 문서를 구글 드라이브 안에서 여러 사람들과 공유하려고 공유자들을 초청할 때는 자동적으로 구글 문서로 변환됨을 잊지 말라. 그런데 그렇게 구글 문서로 변환되어 공동 작업하고 있는 구글 문서라 할지라도 PC나 노트북에서 많은 수정이 필요하여 타이핑을 할 때에는 다시 마이크로소프트 오피스 문서로 변환하는 것이 좋다. 또한 핸드폰에서 직접 작업한 문서이기 때문에 최초 작성 시부터 구글 문서로 작성되어 있었지만 PC나 노트북에서 수정 보완 작업을 수행해야 하는 경우에는 그림6-3에서 보는 바와 같이 구글 문서를 열어 '파일' 메뉴에서 '다른 이름으로 다운로드'의 '마이크로소프트 워드'를 선택하여 저장하게 되면 그 파일로는 PC나 노트북에서 보다 효과적으로 문서 수정 및 보완 작업을 수행할 수 있게 된다. 만일 이렇게 작성한 마이크로소프트 워드 문서를 여러 사람과 함께 공유해야 할 경우에는 구글 드라이브에서 그 워드 문서에 공유자에 대한 초청을 하게 되면 역시 자동적으로 구글 문서로 변환되게 된다.

그림6-3:
구글 드라이브 내 구글 문서를 마이크로소프트 워드 문서로 변환하는 방법

그림6-4는 내가 이 책자를 쓰기 위해 클라우드 앱 현황 조사를 한 설문 답신 결과를 마이크로소프트 워드에서 그래프로 작성해 두었던 분석표인데 그것을 핸드폰에서 열어 첫 문구에 말로 추가하여 입력한 상태로 저장한 것을 다시 PC에서 열어 최종 수정을 한 모습을 보여 주는 표이다.

그림6-4: 마이크로소프트 워드 문서 핸드폰에서 열어 말로 수정

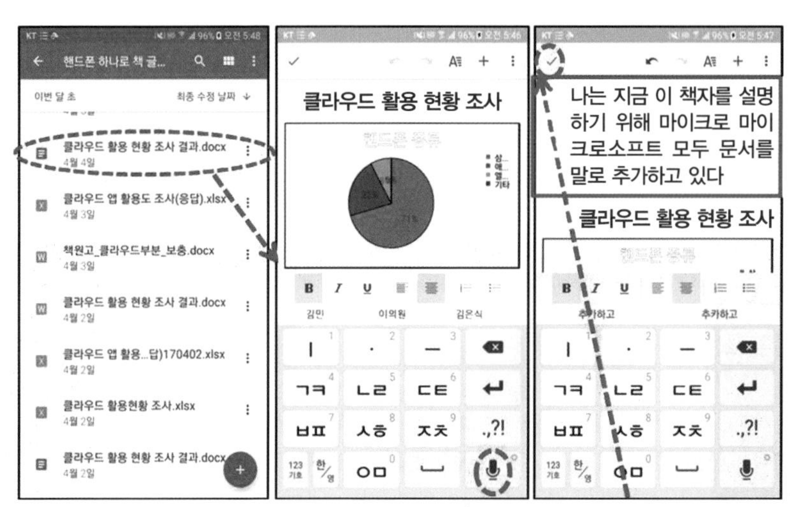

책자에 활용하고자 하는 문서를 선택한 다음

마이크를 켜고

추가하기를 원하는 문구를 말로 입력하고 저장하면 PC나 노트북에서 아래와 같이 문서를 열 수 있다.

위 화면은 PC나 노트북의 탐색기를 들어갔을 때 나타나는 화면이다. 그런데 아래 그림6-5는 구글 드라이브의 PC버전으로 들어가서 파일을 열게 되면 나타나는 화면이다. 이 화면은 다른 사람들과 공유하기 위한 목적으로 사용할 때는 편하지만 PC나 노트북에서 수정 보완하는 작업용으로는 적합하지 않다. 따라서 그림6-3에서 보듯이 PC나 노트북의 탐색기에서 같은 이름의 파일을 열어서 워드 작업하는 것이 훨씬 효과적이다.

그림6-5: 구글 드라이브에서 마이크로소프트 워드를 열어 본 모습

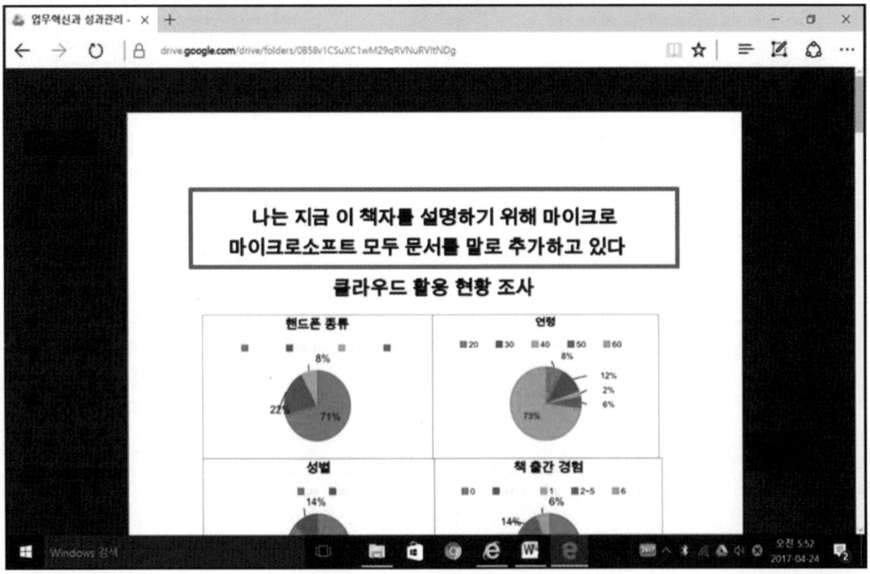

그림6-6은 핸드폰으로 수정한 마이크로소프트 워드 문서를 열어 PC나 노트북에서 최종 타이핑 수정 작성을 하는 과정을 보여 주는 사례이다.

그림6-6: 핸드폰에서 수정된 마이크로소프트 워드 문서 PC에서 타이핑으로 마무리

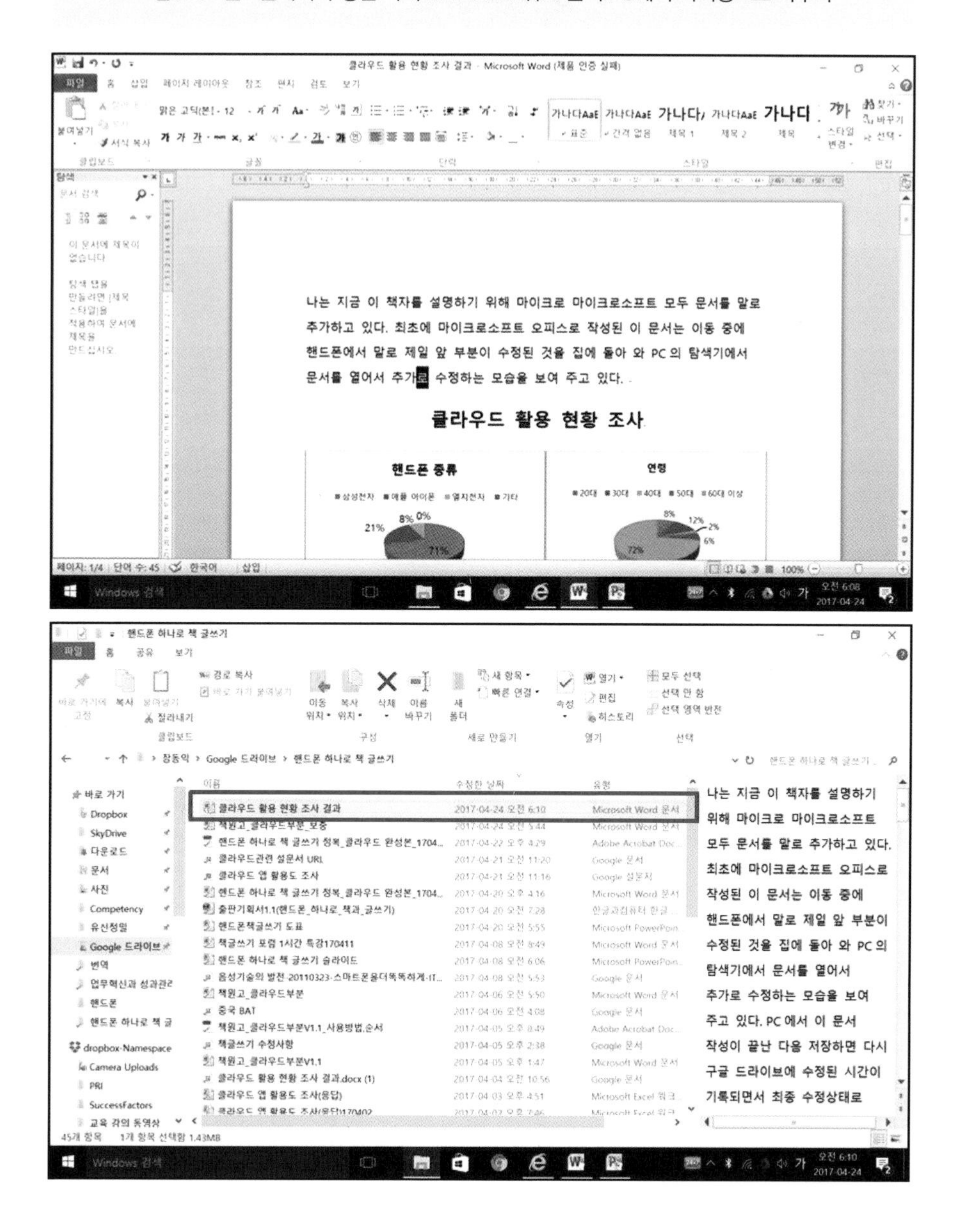

다수의 자료 공유 및 의견 수렴 방안

여러 명이 카카오톡이나 네이버 밴드와 같은 SNS 방식으로 클라우드를 활용하여 자료를 공유하고 또한 그에 대한 열린 의사소통이 필요할 경우 구글 독스는 매우 유용하게 활용될 수 있다. 일반적으로 타이핑 입력 방식을 채택하는 경우는 핸드폰보다는 역시 PC나 노트북이 훨씬 편리한 활용 수단이다. PC나 노트북에서 입력 작업을 하려면 먼저 마이크로소프트 오피스를 활용하여 문서를 작성한다. 구글 독스도 PC버전이 있지만 아무래도 마이크로소프트 오피스 PC버전보다는 기능이 떨어지기 때문이다. 그런데 PC에서는 마이크로소프트 오피스를 활용하고 클라우드 상에서는 구글 독스를 활용하는 것에 아무런 문제가 없다. PC에서 작업한 오피스 문서들은 여러 사람들과 함께 공유할 때 구글 독스로 자동 변환시켜 주기 때문이다. 그리고 여러 사람이 함께 공유하던 구글 독스 문서를 PC에서 다시 작업할 경우 다시 마이크로소프트 오피스 형식으로 저장하여 수정 보완 작업을 할 수 있기 때문이다.

그림6-7: 공유 문서 초청대상자 초청 시 권한 주는 방법

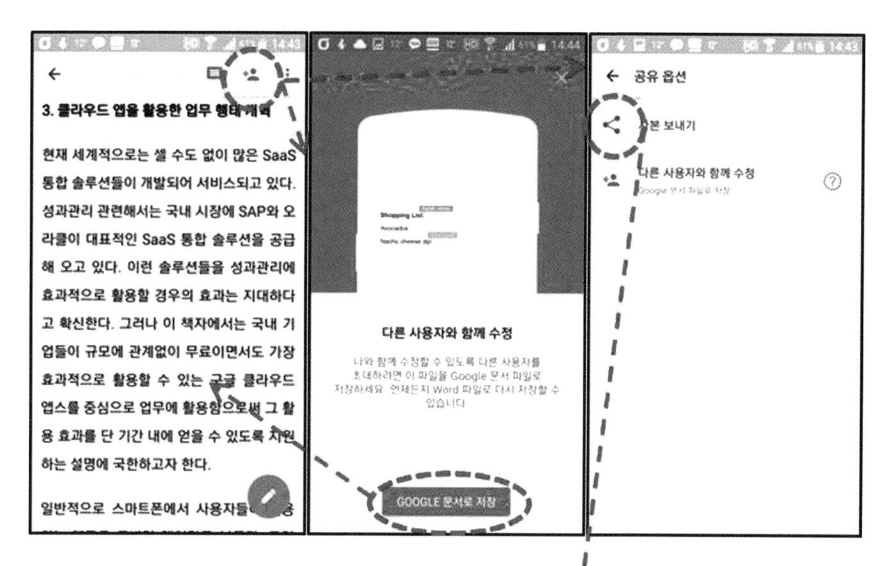

PC에서 마이크로소프트워드로 작성한 문서를 드라이브에 올려놓고 공유자 초청을 하면 두 번째 화면이 나타나 Google 문서로 자동저장을 해 주고 나면 다시 첫 번째 화면과 같은 모양의 구글 문서가 나타나고 다시 공유자 초청 아이콘을 누르면 세 번째 화면이 나타남

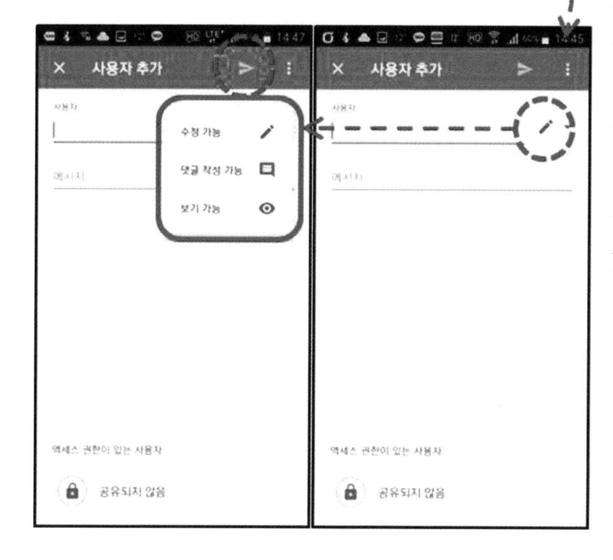

세 번째 화면의 사본 보내기 아이콘을 누르면 아래 우측 화면이 나타나고 사용자의 우측에 있는 팬 모양의 아이콘을 누르면 세 가지 권한 중 하나를 택하도록 되어 있음. 세 가지 권한 중 하나를 선택한 다음 사용자란에 초청 대상자의 지메일 주소를 입력한 다음 사용자 추가 화면 상단 우측의 보내기 아이콘을 누르면 그 문서 초청 대상자의 드라이브 상 공유문서함에 들어감.
초청 대상자가 많을 경우 이 과정을 반복하면 됨.

최초 문서 작성자는 특정 자료나 이슈에 대해 실시간으로 열려 있는 의사소통을 위해 함께 하기를 원하는 모든 사람들을 아래 그림6-7과 같은 방법으로 초청함으로써 의사소통에 참여시킬 수 있다. 별도로 초청하는 사람이 1명이든 20명이든 상관없다. 이때 각 초청 대상자마다 세 가지의 각기 다른 형태의 권한을 주게 되는데, 첫째가, 그 문서를 읽을 수만 있는 사람들, 둘째가 그 문서에 댓글을 달 수 있는 사람들, 셋째, 수정 보완을 함께 할 수 있는 사람들 등 세 그룹으로 분류하게 된다. 그런데 의견수렴을 위한 문서 공유는 댓글 방식이 매우 유용하고 특히 책이나 글쓰기를 공저를 할 경우에 매우 유용하게 활용할 수 있다.

초청 대상자에게 댓글을 달 수 있는 권한을 부여하게 되면 그 문서를 실시간으로 검토한 사람들은 언제든지 의문사항이 있거나, 보완하면 좋겠다는 사항들을 문서 안에서 그 대상이 되는 내용을 선택한 다음에 그 내용에 해당하는 댓글을 달아 주면 된다. 문서의 전반적인 내용에 대한 댓글이라면 문서 전체 내용을 선택한 다음 댓글을 달아 주면 된다. 그러면 그 즉시 해당 문서와 관련된 모든 사람들이 실시간으로 그 댓글을 확인하게 되고, 자신도 그에 대한 의견을 역시 댓글로 달게 되면, 관련되는 모든 사람들이 서로 간에 교신한 댓글 내용들을 실시간으로 공유할 수 있게 된다.

만일 책 원고 일부 내용을 수정하면 좋겠다는 의견을 달기 위해서는 이렇게 하면 된다. 대상이 되는 단어 위에 손가락을 지그시 약 2초가량 대고 있으면 그 단어가 선택이 된다. 그런 다음에 댓글 달기 아이콘을 선택하여 댓글 내용을 말로 하거나 또는 입력을 해 주면 된다. 그러면 구글은 누가 언제 그런 댓글을 달았는지 자동적으로 기록해 준다.

그림6-8은 댓글 달기와 댓글 보기 방법을 설명한다.

그림6-8: 댓글 달기

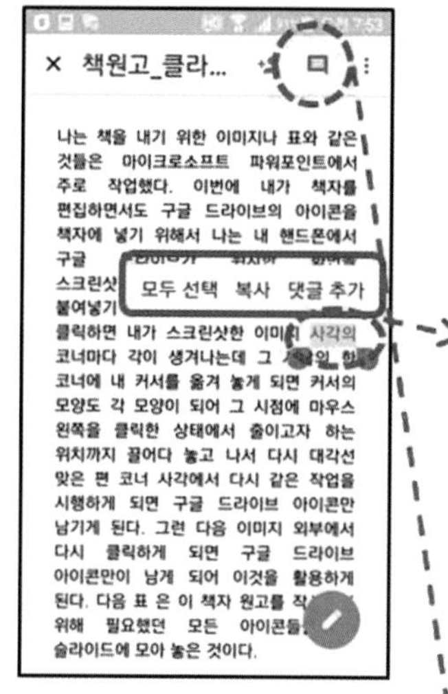

의견을 주고자 하는 내용의 단어 위에 손가락으로 2초가량 대고 있으면 새 창이 뜨고 그 새 창에서 댓글 추가를 선택하면 우측 화면이 나타남.

빈 공간에 댓글 내용을 입력하고 완료를 누르면 아래 화면처럼 누가 몇 시에 입력했는지 표시가 된다. 다른 사람들이 댓글 내용을 확인할 때는 위 첫 번째 화면의 상단 우측에 있는 댓글 표시를 누르면 아래 화면이 나타나고 댓글 위에 손을 대면 그 댓글이 어느 부분에 대한 이야기인지를 단어에 회색 빛을 나타내 줌.

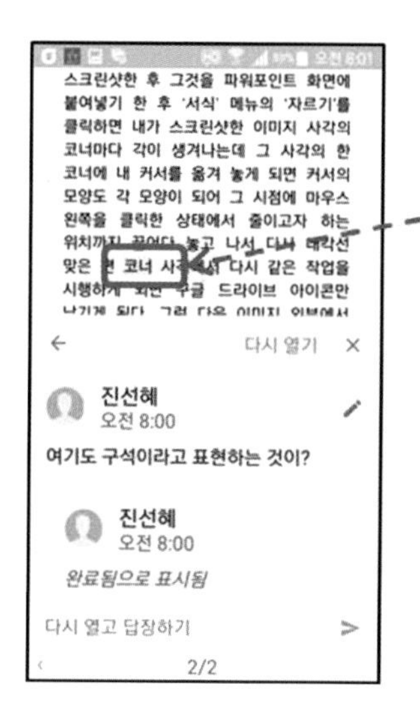

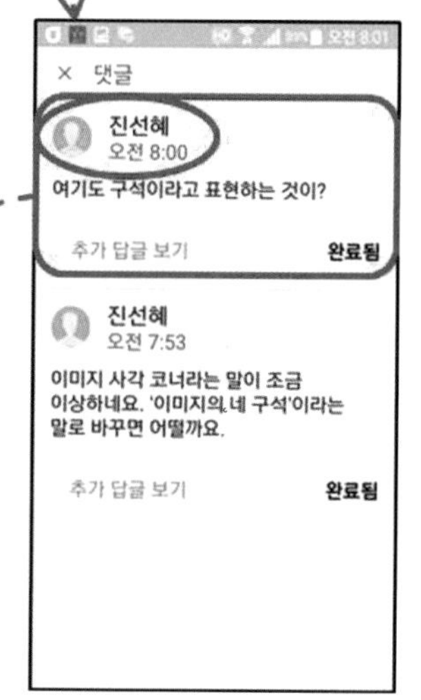

다수가 같은 문서를 공동 작업할 때

여러 명이 함께 같은 문서를 가지고 공동 작업할 때는 원본 문서 작성자가 초청 대상자를 초청할 때 수정할 수 있는 권한을 주게 된다. 한 문서에 초청된 모든 사람은 하나의 문서에 작업해서 저장하는 대로 다른 사람들이 수정본을 볼 수 있으며 그 수정된 일자와 누가 수정했는지가 나타난다. 두 사람 이상이 같은 시간에 공동 작업을 하게 되는 경우는 각 버전 별로 저장이 되어 있기 때문에 각자 고친 부분을 검토해 보고 한 사람이 수정해야 할 부분을 가장 마지막 버전에 수정하여 다시 저장해 놓으면 좋다. 공동 작업하는 모든 사람들은 항시 가장 최근 버전 위에 작업하는 것을 잊어서는 안 된다.

구글 독스에서는 공동으로 작업하는 사람이 언제, 어디를 수정하고 추가했는지를 알 수 있다. 그런데 이런 수정 또는 추가사항에 대한 상세내역은 핸드폰에서는 볼 수 없고 PC나 노트북에서만 볼 수 있다. 그리고 이전 버전에서의 원본을 보고 싶다면 보고자 하는 버전의 '원본보기'를 클릭하면 당시의 원본이 나오게 된다.

그림6-9: 여러 명이 공동 작업

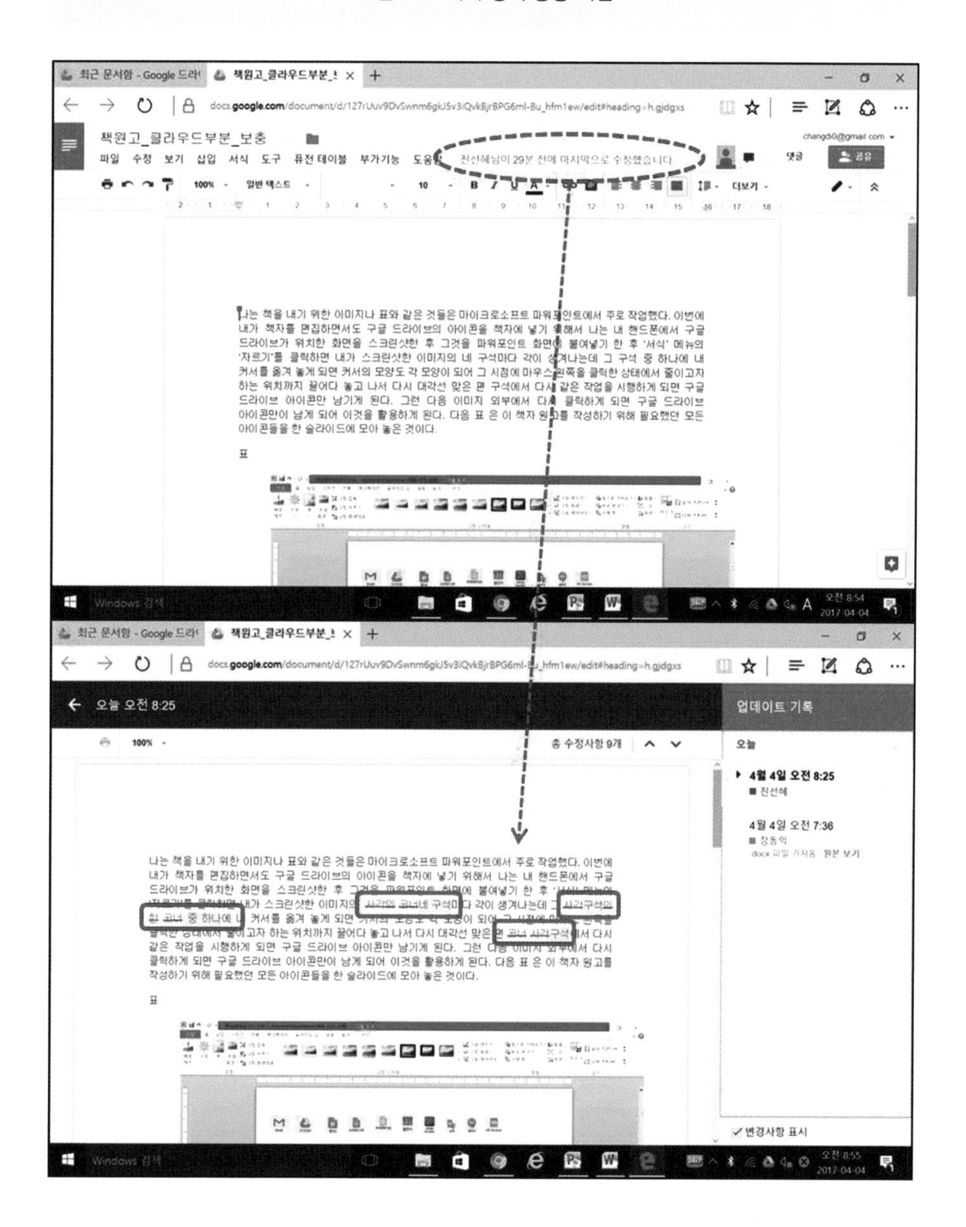

모바일 기기와 PC의 자료 동기화

앞에서도 계속 소개되었듯이 구글 앱스는 핸드폰이나 패드와 PC 및 노트북에서 함께 사용할 수 있다. 사용하는 기종에 상관없이 주고받는 모든 데이터나 자료들은 모두 동기화된다. 물론 주변 통신 환경에 따라 차이는 나지만 간단한 자료의 경우는 상대방의 핸드폰이나 PC에 거의 실시간으로 동기화되고 데이터양이 매우 큰 문서나 동영상의 경우는 동기화되는 데 20분가량도 걸린다.

PART 7

핸드폰으로 책자 원고 작성 및 교정

책자 완성 일정 관리

나는 2017년 『4차 산업혁명시대 클라우드를 활용한 스마트 업무혁신 및 성과관리』라는 책을 출간하게 되었다. 나는 이 책자에서 우리 기업들이 각종 최신 기술의 클라우드 앱들을 포함한 클라우드 기술을 적극 도입하여 활용함으로써 단기간 내에 업무혁신을 하고 생산성을 끌어 올려서 효과적인 성과관리를 하는 방법을 국내에서 처음으로 소개하지 않았나 생각한다.

나는 내 자신이 책 글쓰기를 위해서는 가장 효과적인 기법인 클라우드 기술을 국내에 처음 소개했을 뿐 아니라 지난 10여 년 동안 여러 가지의 클라우드 기법들을 활용해 왔기 때문에 활용하는 기법들을 잘 알고 있지만 더 중요한 점은 책 글쓰기와 관련한 클라우드 기술의 최근 발전 속도가 엄청나다는 것을 피부로 느껴 왔던 사람이라는 점이다. 다시 말해 클라우드의 향후 발전 속도가 어떠할지를 느끼고 있는 사람이다. 특히 음성 인식과 상황인지 기술 등 음성을 문자화해 주고 문자를 음성으로 변화시켜 주는 기술 덕분이다.

그런데 중요한 것은 내가 실제 첫 책자를 출간하기 위해 본격적으로 작업하여 초안을 완료한 기간은 3개월 정도이다. 바로 핸드폰으로 책자 자료를 준비하고, 관리하고, 작성하고, 교정했기 때문이다. 나는 이 책자를 통해 초심자가 어떻게 하면 책자를 단기간 내에 출간해 낼 수 있는지의 기법만이 아니라 책 글쓰기 전문가들이 초심자들에게 어떻게 그러한 기법을 가르칠 수 있는지의 기법도 함께 소개하고자 한다. 나와 가 대표는 그 첫 책자를 준비하면서 직접 체험했던 내용들을 다듬어서 이 책자 『핸드폰 하나로 책 글쓰기』를 독자들에게 소개하고자 하는 것이다.

실제 책 집필을 위해 가장 중요하면서도 시간이 많이 걸리는 요소는 역시 자료 수집이다. 이미 앞에서도 설명했듯이 자료를 수집하기 전에 관리를 어떻게 할 것인가를 미리 잘 생각해 두어야 하는데 그 관리의 요점은 바로 클라우드 앱들이 제공해 주는 기능에 포함되어 있다고 생각한다. 다시 말해 클라우드 앱이 자료를 어떻게 수집하고 관리해 주는지를 알아야 된다는 말이다. 그런데 우리는 앞에서 그 수집하는 방법과 관리하는 방법을 배웠다.

처음 시작할 때에는 구글 드라이브에서 폴더들을 어떻게 구성할 것인가에 대해서 너무 많은 시간을 소비할 필요는 없다. 왜냐하면 새롭게 폴더를 만드는 것이나 자료를 이동하는 방법이 매우 간단하고 쉽기 때문이다. 그렇지만 자료를 수집하기 전에 미리 수집한 자료들을 큰 맥락에서 어떻게 관리해야 할지를 구상해 놓아야 한다. 또한 점차 많아지게 될 자료들을 찾아내기 쉽게 하기 위해서 자료를 처음 수집할 당시부터 그 자료의 제목을 어떻게 줄 것인지 정하는 방법과 수집된 자료의 내용을 나중에 키워드로 찾아내기 쉽도록 수집된 자료 내용의 앞부분에 자료에 대한 설명을 덧붙이는 작업이 매우 중요하다. 나는 수집되는 자료의 가장 앞부분에 주로 음성으로 자료의 요약이나 설명을 간단하게 달아 놓았다. 그러면 나중에 구글 드라이브의 검색기능을 통해 적합한 자료를 찾아내는 데 매우 유용하게 활용할 수 있게 된다.

이제 많은 자료를 수집해 놓았다면 책자 원고 작성을 시작하기 위해서는 그 수많은 자료들 중에서 책자의 내용에 적절한 자료를 검색해 내는 방법을 알아야 한다. 구글 드라이브 안에 자료가 존재하고 제목을 적절하게 잘 입력해 놓았고 나아가 자료 내용의 앞부분에 키워드로 찾기 쉽도록 잘 요약해 놓았다면 적절한 자료를 검색해 내는 일은 정말 순식간에 이루어진다. 키워드 몇 글자만 입력해 넣으면 제목만이 아니고 그 자료의 내부에 들어 있는 내용까지도 들어가 입력하는 키워드에 해당하는 자료들을 순식간에 보여 준다. 다음 그림7-1은 구글 드라이브에서 자료를 검색하는 방법을 알려 준다.

그림7-1: 구글 드라이브에서 자료 검색하는 방법

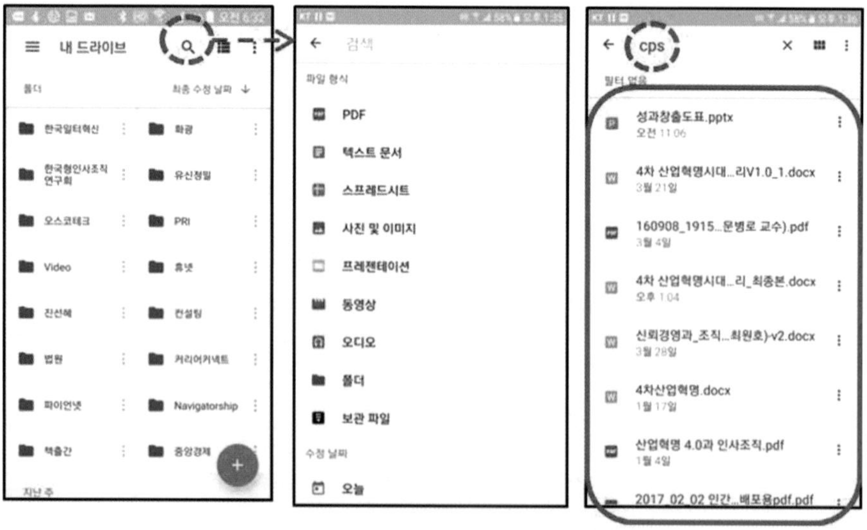

1. 내 드라이브의 초기 화면 상단에 돋보기 모양의 아이콘을 누르면 가운데 화면처럼 검색 창이 뜸
2. 검색 창에 CPS (Cyber Physical System)이라고 치면 구글 드라이브 전체에 들어 있는 파일 제목뿐 아니라 그 내용에 CPS라는 내용을 들어 있는 모든 파일들을 찾아준다.

이제 앞으로는 책자 원고를 작성할 때 필요한 수많은 자료들을 과거와 같이 사진이나 스캔된 형태로 저장하는 것이 아니라 앞에서 배웠던 여러 가지 기법을 활용하여 문자화해서 저장하게 될 것이기 때문에 필요한 자료를 즉시 찾아내게 될 것이며 필요한 부분을 복사해서 옮기기만 하면 직접 입력해야 하는 수고를 할 필요가 거의 없다. 그리고 출간을 도와주고 코칭 하는 사람들도 피코칭 대상자와 인터뷰하면서 들은 긴 이야기들을 별도로 입력할 필요가 없다. 상대방이 말한 내용을 바로 음성 녹음하여 문자화된 것들을 들으면서 잘못된 부분을 수정해 주기만 하면 된다.

작성하고자 하는 원고 내용에 도움이 되는 자료들을 복사해 옮겨 놓고 수정하거나 또는 추가해야 되는 부분들은 음성으로 입력하는 방식으로 완성해 나가면 된다. 음성으로 하는 것이 더 불편할 경우에만 직접 입력하면 된다. 이 장에서는 주로 내 첫 출판 경험을 토대로 설명하는 것이 가장 효과적일 것 같다. 내 경우는 첫 작품이라 전반적인 내용과 표현 방식이나 구성방법에 있어 가 대표의 많은 지적이 있었기 때문에 수차례에 걸친 전반적인 수정을 하느라 많은 시간이 걸렸지만 일단 지적을 받고 난 연후의 수정 작업은 매우 신속하게 이루어질 수 있었다. 특히 듣는 것과 읽는 것을 동시에 하면서 수정작업을 하는 효과는 예전 방법대로 읽기만 하면서 수정 내지 교정 작업을 하는 것보다 최소한 4~5배 이상이 되는 것으로 판단된다.

나는 집필 일정을 대체로 간단한 엑셀 시트로 계획과 실행을 함께 기록하고, 언제 어디서나 즉시 입력할 수 있도록 구글 드라이브에 올려놓아 필요할 때마다 잊지 않고 기록할 수 있었기 때문에 관리하기가 매우 용이했다. 특히 계획 대비 실행에 있어 거의 한 번도 빠짐없이 앞서갈 수 있도록 유지할 수 있었다.

이미지, 그림, 도표 작성 및 삽입

책자를 집필할 때는 이미지나 도표를 많이 활용하게 된다. 물론 다른 좋은 방법들이 많이 있겠지만 이 책자에서는 내가 효과적으로 활용할 수 있었던 방법들을 위주로 설명하고자 한다.

나는 책을 내기 위한 이미지나 표와 같은 것들은 마이크로소프트 파워포인트에서 주로 작업했다. 이번에 내가 책자 원고를 편집하면서도 구글 드라이브의 아이콘을 책자에 넣기 위해서 그림7-3과 같이 내 핸드폰에서 구글 드라이브가 위치한 화면을 스크린샷 한 후 그것을 파워포인트 슬라이드에 붙여넣기 하고 파워포인트의 '서식' 메뉴에 있는 '자르기'를 클릭하면 내가 스크린샷 한 이미지 사각의 코너마다 각이 생겨나는데 그 사각의 한 코너에 내 커서를 옮겨 놓게 되면 커서의 모양도 각 모양이 된다. 바로 그 지점에 마우스 왼쪽을 클릭한 상태에서 자신이 원하는 지점까지 끌어다 놓고 나서 다시 대각선 맞은편 코너 사각에서 같은 작업을 시행하게 되면 구글 드라이브 아이콘만 희게 남고 지운 부분은 검게 표기된다. 그런 다음 검게 표기된 지운 이미지 바깥쪽 아무 지점에서나 클릭하게 되면 구글 드라이브 아이콘만이 남게 되어 이것을 활용하게 된다. 다음 그림7-3은 이 책자 원고를 작성하기 위해 필요했던 모든 아이콘들을 같은 방식으로 한 슬라이드에 모아 놓은 것이다.

그림7-2: 검색 엔진을 통해 필요한 이미지를 가져 오는 방법

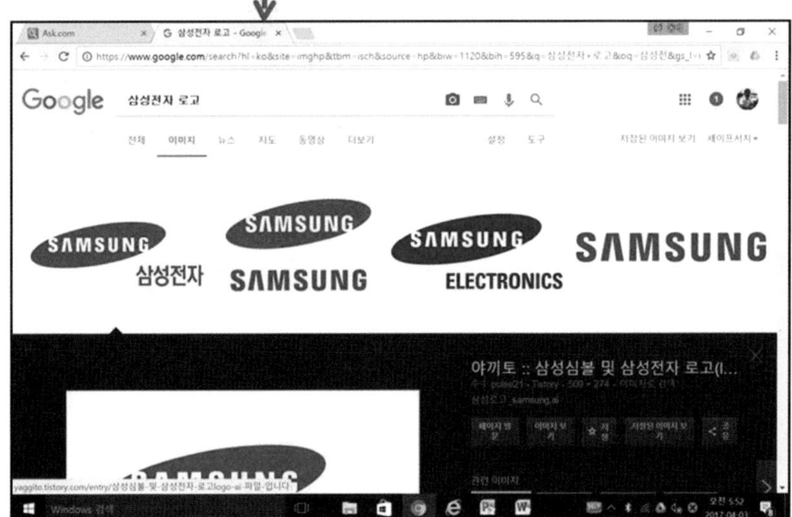

SAMSUNG
삼성전자

구글에서 이미지를 찾으면 위 화면을 찾을 수 있고 다음 원하는 회사의 로고를 검색하면 아래 화면이 나온다. 아래 화면에서 원하는 로고를 클릭하면 여러 가지의 로고가 나오는데 그중 좋은 로고에서 마우스 우측 클릭하여 복사한 다음 파워포인트에 붙여넣기 한다.

그림7-3: 복사해 온 이미지 중에서 필요한 부분만 활용하는 방법

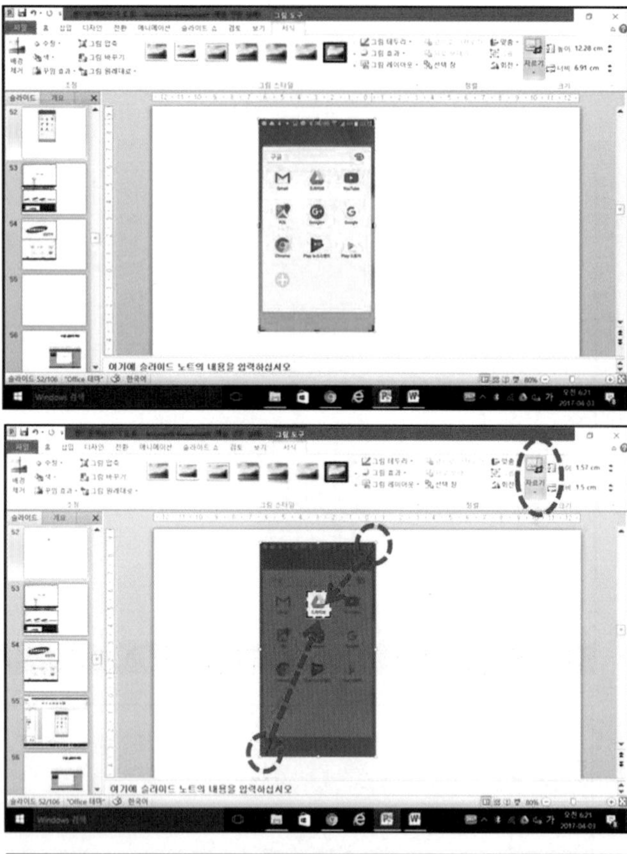

파워포인트의 이미지의 일부만을 활용하고자 할 때

1. 대상이미지를 선택한 다음 '서식' 메뉴에서 '자르기'를 클릭하고,
2. 커서를 이미지의 우측 상단 코너에 맞춘 다음 마우스 우측 클릭하여 원하는 크기가 될 때까지 끌어간 다음 좌측 하단에서도 마찬가지 작업을 하면 좌측에 보는 작은 이미지를 새로 만들어낼 수 있다.

책자 원고를 작성하다 보면 수많은 이미지들을 활용하게 된다.

그림7-4는 구글 이미지라는 어플리케이션에서 '클라우드 컴퓨팅'과 관련되는 이미지를 검색하면 나오는 이미지들을 보여준다. 이와 같은 이미지는 저작권과 관련되는 이슈가 있을 수 있으므로 책자에 낼 때는 원본 이미지를 그대로 활용하지 말고 항시 그 이미지를 활용하여 보완한 다음에 적용할 것을 추천한다.

그림7-4: 이미지 검색하는 방법

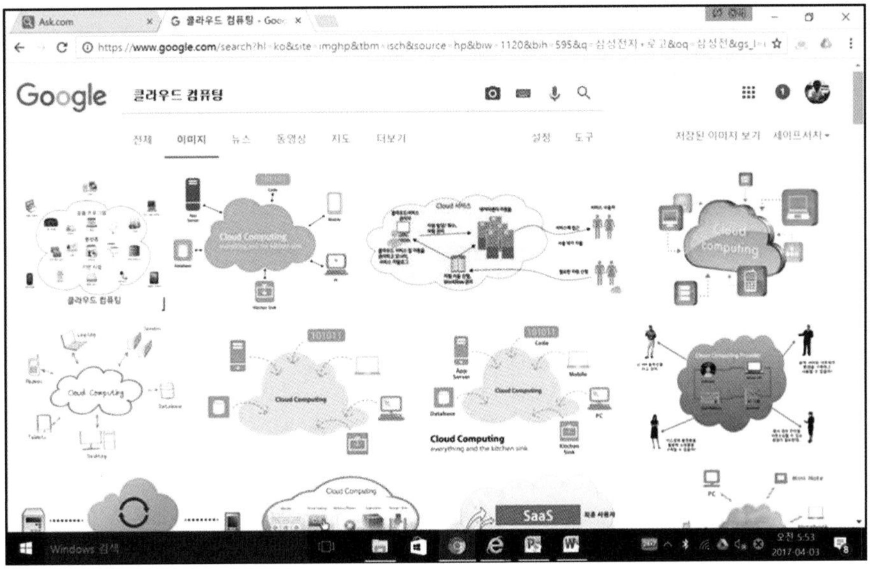

수집된 자료를 이동 중에도 들어보고 필요한 부분 발췌

언제 어디서나 말이나 문자로 입력하는 즉시 클라우드에 저장

이제는 핸드폰과 가벼운 노트북이 있다면 언제 어디서나 일할 수 있는 스마트 환경의 시대이다. 한적한 길을 산책하거나, 산행을 하고 있거나, 지하철이나 버스를 타고 있거나, 해변에 있거나, 친구들과 식사를 함께 하고 있거나 TV프로그램을 시청하던 중에 갑자기 책 글쓰기 원고를 작성하는 데 필요하다고 생각하는 부분을 발견하거나 생각날 때가 있다. 특히 친구라든지 기타 다른 사람들과 대화하고 있거나 TV 프로그램을 보고 있던 중이나 어떤 책자를 읽고 있다가도 원고 쓰는 데 도움이 되는 부분을 갑자기 발견하는 경우가 많다. 그런데 그런 것들은 발견하는 즉시 옮겨 놓지 않으면 대체로 잊어버리는 경우가 많다. 그런데 그 생각이나 발견이 원고 작성에 있어 없어서는 안 될 중요한 키가 되는 경우도 있다. 이 얼마나 안타까운 일인가?

그러나 이제는 걱정할 필요가 없다. 그때마다 어디서든지 장소에 상관없이 즉시 핸드폰에서 구글 드라이브에 보관해 두었던 수많은 자료들 중에서 필요하다고 생각하는 자료를 찾아낼 수 있다. 만일 이동 중에라도 가지고 있는 가벼운 노트북을 활용할 수 있는 장소라면 어디에서든지 에브리싱을 활용하여 필요하다고 생각한 그 자료를 바로 찾아낼 수 있다. 그러고 나서 그 자료 전체를 복사하거나 또는 자료 중에서 필요한 부분만을 복사하여 토크프리에 옮긴다. 그리고 이동 중에라도 그 내용들을 토크프리로 들으면서 원고에 추가해야 할 부분들을 발췌하게 된다. TV가 있는 장소에서 시간이 난다면 TV를 통해 토크프리를 보고 듣는 것이 더 효과적일 것이다.

또는 갑자기 좋은 아이디어가 생각난 경우라면 생각나는 즉시 핸드폰에서 구글 문서를 열어 그 아이디어를 바로 말로 입력하여 적절한 제목을 단 다음 구글 드라이브에 저장해 놓으면 노트북이나 PC를 활용하여 원고 작성을 할 수 있는 환경이 되는 시간과 장소에서 바로 그 기록해 두었던 내용을 기초로 보완해 주면 된다.

아주 시끄러운 장소에서 말로 입력한 것이 아니라면 말을 하여 문자화된 결과의 품질이 쓸 만하다. 제법 시끄러운 환경에서 말로 입력한 것이기 때문에 문자화된 결과물의 품질이 조금은 떨어진다 하더라도 그 수준이 아주 능숙하지는 않지만 우리말을 제법 잘하는 한 미국인이 우리와 대화할 때 느끼는 정도이기 때문에 나중에 그 입력된 문구를 열어 보면 좀 틀린 부분이 있다 할지라도 무슨 내용인지 다 이해할 수 있는 정도이다. 시끄러운 장소에서 입력하게 되는 경우 가장 좋은 방법은 결과물로 입력된 문자가 일부 잘못된 부분을 그 즉석에서 조금은 불편하더라도 손가락을 이용하여 고치는 방법이다. 그런데 중요한 시사점은 중요한 아이디어가 생각났을 때마다 즉시 기록해 두기 때문에 하나도 놓치지 않는다는 점이다. 이 점은 원고의 품질을 높이는 데 있어 매우 중요한 요소이다.

내가 책자를 완성할 때 습관적으로 활용했던 방법 중 하나는 집이나 사무실에서 네이버나 구글 등 검색 엔진들을 활용하여 필요하다고 판단되는 자료를 찾아낸 후 그 자료들을 모두 복사하여 토크프리에 각기 다른 문서로 붙여넣기를 해 둔 다음에 집이나 사무실을 떠났다. 그러고 나서 이동 중에 꼭 필요한 경우에만 이어폰을 끼고 토크프리를 통해서 그 자료들을 들었다. 듣는 도중 책자에 추가하거나 참고하면 좋겠다고 생각하는 문구들이 나오는 순간 토크프리를 정지한 다음, 만일 걷고 있을 때라면 구글 문서에 필요한 부분에 해당하는 시작 단어를 읽어준 다음 적절한 설명을 말로 추가 해 주었다. 그리고 그 문서에는 예를 들어 "책 원고 필요자료_170405"라는 식으로 제목을 주었다. 제목에 들어있는 숫자는 일자를 말한다. 경우에 따라 어디서 작성했는지가 중요한 경우 장소도 제목에 추가해 주었다.

이와 같은 방식으로 원고에 추가할 내용들을 수집하고 나서 적절히 앉아 있을 만한 장소를 찾는 즉시 항시 가지고 다니는 가벼운 노트북에서 "책 원고 필요자료_170405"와 같은 구글 문서들을 열어 필요하다고 정리해 두었던 부분들을 복사하여 책 원고에 바로 적용하는 방식으로 책 원고를 완성해 나갔다. 예전과 같이 책자를 기획하거나 자료를 수집하는 일이 매우 수월해 졌을 뿐 아니라 그 수집된 자료를 정리하고 또 책자에 옮기기 위해 끊임없이 타이핑했던 피곤함에서 해방될 수 있다.

수정 보완 방법

복잡한 대중교통 안에서나 산책하면서 교정하는 방법

내가 원고를 교정할 때 활용하는 방법은 앞서 설명한 원고 작성방법과 거의 동일하다. 교정의 대상이 되는 원고 전체를 복사하여 토크프리로 옮긴 다음 집 주변을 산책하거나 주변에 사람이 별로 없는 장소를 걸을 때는 핸드폰 소리를 크게 해서 토크프리를 통해 직접 들었고, 지하철 등 대중교통을 탈 때는 이어폰을 끼고 들었다. 듣는 도중 원고에서 수정하거나 보완해야 하는 내용이 발견되는 즉시 토크프리를 정지한 다음, 만일 걷고 있을 때라면 구글 문서를 열어 수정 보완해야 할 부분을 말로 입력해 준다. 이때 주의해야 할 점은 구글 문서의 제목이다. 토크프리의 경우 단어의 길이에 따라 차이가 나지만 대체로 8,000단어 내지 10,000단어를 수용하기 때문에 원고 교정을 위해 작성하는 구글 문서는 항시 일정 분량별로 구분해 놓을 필요가 있다. A4용지로 20쪽 정도의 분량으로 구분해서, 예를 들어 "6장 핸드폰으로 책자 원고 작성 및 교정"과 같은 제목을 주고 그 장에 해당하는 교정 필요 내용은 그 해당 문서에 저장하도록 하는 것이다.

만일 사람이 많은 지하철에서 서 있을 경우라면 교정 부분을 말로 저장하는 작업은 다른 사람들에게 피해를 줄 수 있기 때문에 교정이 필요한 부분만을 토크프리에서 바로 복사하여 구글 문서에 옮겨 놓고 그 문서에 앞서 설명한 대로 적절한 제목을 준 다음 저장해 두었다. 그러고 나서 적절히 앉아 있을 만한 장소를 찾는 즉시 항시 가지고 다니는 가벼운 노트북에서 "책 원고 교정부분_170405" 등과 같은 제목의 구글 문서를 열어 교정이 필요하다고 정리해 두었던 부분을 원고에서 찾아 바로 적용하는 방식으로 교정 작업을 진행해 나갔다.

종전에 읽기만 해서 교정작업을 할 때에는 여러 번을 읽어도 교정해야 할 부분이 끊임없이 나타났었다. 그러나 토크프리를 활용하여 들으면서 읽게 되면 거의 단번에 대부분의 교정 작업이 끝나게 되며 마지막 원고 작성이 모두 끝난 후 한 번 정도 더 같은 작업을 시행하면 완벽한 교정 작업을 끝낼 수 있게 된다.

TV로 보며 몇 배나 효과적인 교정 작업 실행

경험치에 따르면 약 300여 쪽 분량의 책 원고를 최종적으로 검토하고 수정 보완하는 작업을 토크프리를 활용하여 TV로 연결하여 보면서 실행하면 하루 종일 8시간 정도면 모두 마칠 수 있다. 그런데 중요한 점은 종전과 같이 읽기만 해서 교정하는 방법 이외에는 방법이 없었던 시절에는 한 번의 교정으로 모든 오·탈자를 모두 수정하고 보완해야 할 내용까지 교정 작업을 완료한다는 것은 불가능에 가까운 일이었다.

내가 작성한 원고에 대한 교정 작업을 수행했던 사람이 놀라면서 내게 이야기해 준 내용을 소개하고자 한다. 내용을 수정할 부분은 좀 있었지만 오자나 탈자가 거의 없었다고 놀라는 것이었다. 그 이유는 나는 앞으로 소개할 방법대로 토크프리를 통해 들으면서, 그리고 듣고 읽는 것을 동시에 하면서 교정 작업을 했었기 때문이다. 책자를 한 번이라도 출간해 본 경험이 있는 사람들은 8시간 정도의, 그것도 단번에 교정 작업을 마쳤다는 사실을 믿지 않을 것이다. 그런데 사실이다.

여러분들이 보유하고 있는 TV가 최근에 구입한 스마트 TV라면 별도의 하드웨어 없이 기능 조작으로만 핸드폰 화면을 미러링하여 TV로 볼 수 있다. 그런데 일반 TV보다 훨씬 비싼 스마트 TV가 아니라도 HDMI 기능을 지원하는 TV가 있다면 핸드폰과 TV를 무선으로 연결하는 '무선 MHL동글'이라는 것이 있어 핸드폰에 나타난 영상을 TV나 HDMI 기능을 지원하는 빔프로젝터로 바로 미러링Mirroring하여 보여 준다. 그 동글을 TV 뒷면에 위치한 HDMI 단자에 꽂기만 하면 사용할 수 있다.

이제 '나는 눈이 나빠서 핸드폰으로 오랜 시간 글을 볼 수 없다.'라는 말은 핑계에 불과하다. 교정 작업을 위해 필요한 기간이나 교정결과 품질 두 가지 요소 모두를 감안했을 때 듣기만 하거나 또는 듣는 것과 읽는 것을 동시에 하면서 교정하는 것과 원고를 읽기만 하면서 교정하는 것과의 차이를 점수로 매긴다면 내 경험으로는 4~5배나 된다고 해도 과언이 아니다.

핸드폰 화상 회의를 통한 상호 교정법(행아웃)

책을 공동으로 출간하는 경우라든지 최종 원고를 출판사에 넘기기 전에 다른 사람에게 교정 작업을 부탁해서 실행하는 경우라든지 또는 출판사에서 교정 작업을 저자와 함께 시행하는 경우 등 많은 경우에 두 명, 또는 여러 명이 함께 회의를 할 필요성이 생기게 된다. 그러면 과거에는 모두가 일정한 자리에 모여서 회의를 하는 방법이 가장 효과적이고도 효율적인 방법이었다. 그러나 이제는 특히 먼 지역에 떨어져 사는 사람들의 경우는 더욱 그렇지만, 회의에 참석하기 위해 그와 같이 많은 이동 시간을 허비할 필요가 없어졌으며 회의의 내용과 그 결과물도 종전의 방식보다 훨씬 더 풍부하고 또한 효과적일 수 있다. 앞에서 설명한 대로 구글 행아웃을 활용하여 시행하면 여러 사람이 화상회의에 동시에 참석하여 주최자가 준비한 슬라이드를 넘기면서 함께 보든가 아니면 자신의 장소에 보관하고 있는 다른 책자나 자료의 단면을 핸드폰을 활용하여 보여 주면서 설명할 수 있기 때문이다.

행아웃으로 화상회의를 하는 사람들은 핸드폰 화면 하단에 위치한 각각의 작은 원 안에 참석한 사람들 각자의 모습이 동영상으로 찍혀서 나타나게 된다. 그런데 어떤 사람이 자신의 설명을 하면서 자신의 얼굴 모습 대신에 다른 자료를 보여 주고 싶을 때 핸드폰을 그 서류를 향하도록 하면 모든 참석자들은 그 서류를 동시에 자신의 핸드폰으로도 볼 수 있다. 3명 이상의 참석자가 행아웃을 활용하는 경우 말하는 사람이 바뀔 때마다 모든 참석자들에게 자동으로 말하는 사람의 화면으로 바꾸어 보여주기 때문이다.

그런데 만일 회의에 참여하는 모든 사람이 스마트 TV를 가지고 있거나 스마트 뷰 기능을 수행하는 동글을 보유하고 있다면 핸드폰 작은 화면을 보면서 회의하는 것이 아니고 소파에 앉아 TV를 보면서 커피를 마시면서 화상회의를 진행할 수 있다. 아마 즐길 수 있다고 표현해도 좋을 것이다. 그런데 그것도 공짜로 말이다.

만일 그날 화상 회의할 내용을 간단한 내용의 구글 프레젠테이션으로 준비해 놓았다면 화상 회의 주최자가 준비한 슬라이드를 넘겨가며 회의를 진행할 수 있게 되며, 만일 별도로 프레젠테이션을 준비하지 않은 부분이라 할지라도 화상 회의를 하면서 대화를 하는 사람이 핸드폰을 설명하고자 하는 자료를 자신이 위치한 장소가 어디든 찾을 수 있는 자료라면 찾아서 그중의 일정 부분을 보여 주면 다른 화상 회의 참석자 모두가 그 부분을 볼 수 있게 된다.

이런 기능은 특히 서로 먼 거리에 떨어져 있는 코치나 컨설턴트와 코칭이나 컨설팅을 받는 사람들 간에 매우 유용하게 활용될 수 있다. 코칭이나 컨설팅을 받는 사람들은 갑자기 매우 중요하면서도 그 시기를 놓치게 되면 효과가 매우 떨어지는 시급한 의문사항이 생기는 경우가 있다. 그러나 이런 경우에 일반 전화로 효과를 거두기는 어렵다. 이때 코칭이나 컨설팅을 받는 사람은 바로 코치나 컨설턴트에게 전화로 행아웃을 통한 코칭이나 컨설팅을 요청할 수 있고 코치나 컨설턴트의 경우는 자신의 사무실이나 집에 있을 경우 자신이 확보하고 있는 자료와 자신의 클라우드 저장소에 저장되어 있는 자료들 중에서 적절한 자료를 바로 찾아서 행아웃을 활용하여 대상자에게 보여 주면서 코칭이나 컨설팅을 추진할 수 있다. 이것이 바로 클라우드 워킹Cloud Working의 실체이다. 통상 코칭이나 컨설팅을 받는 사람의 장소에 방문하여 코칭이나 컨설팅을 하는 경우, 최선의 코칭이나 컨설팅 시점을 이미 놓쳐 버린 경우이거나, 또는 자신의 집이나 사무실에서 미리 준비해 오지 못한 자료가 필요한 경우 그 새로운 의문사항이나 요구사항에 대해서 즉각 대응하지 못하여 그 효과가 떨어지는 경우가 많이 발생하기 마련이다. 그러나 행아웃을 통한 클라우드 워킹은 이동 시간을 절감하는 것은 물론 그와 같은 문제점을 해소하면서 그 효과를 증대시킬 수 있다.

스마트 워커Smart Worker가 되면 왕초보도 책 글쓰기를 정복할 수 있다

내가 살고 있는 집에서 서울을 왕래하는 경우 하루에 대체로 1시간 반 가량은 걷고 대중교통을 4시간 반가량 타게 된다. 총 6시간이 이동시간이다. 그런데 내게는 그 이동 시간이 스마트 워킹Smart Working시간이다. 이제까지 소개한 클라우드 앱들을 활용하면 장소와 시간의 제약에서부터 해방될 수 있기 때문이다. 그리고 이동 중에 작업한 결과라 할지라도 집이나 사무실에서 PC로 작업한 것보다 생산성이 훨씬 높다. 예를 들어 교정 작업을 그냥 읽으면서 시행하는 것과 들으면서 시행하는 것의 효과가 훨씬 크고 나아가 듣는 것과 읽는 것을 동시에 하면서 시행하는 것의 효과는 또 그보다 훨씬 크다.

클라우드의 적극적인 활용은 우리를 언제든지 일하도록 만듦으로써 우리 하루 종일의 시간을 일에 묶어놓는 역할을 하는 것이 아니라 오히려 우리에게 일과 삶의 균형을 가져다준다. 왜냐하면 하루 종일 어디에 있든지 언제든지 일할 수 있기 때문에 일하기 싫을 때는 마음껏 쉴 수 있다.

나는 어려서부터 클래식 음악을 특히 좋아했다. 10여 년 전으로 기억하는데 핸드폰 앰프 기능 중에 당시에 가장 좋다고 알려진 파워앰프Poweramp를 수천 원에 구매했던 것으로 기억하는데 음질이 아주 뛰어나다. 파워앰프에 더해 이어폰을 고급으로 쓰면 집에서 듣는 수천만 원짜리 음향기기 못지않다. 왜 꼭 집에서 비싼 소파 위에 누워서 수천만 원짜리 음향기기를 크게 틀어놓고 들어야만 클래식을 즐길 수 있나? 그것도 좋지만 정말 경치 좋은 곳을 산책하면서 1~2십만 원짜리 고급 이어폰을 끼고 파워앰프를 통해 자기가 좋아하는 음악을 듣는 것이 오히려 그보다 더 나을 수 있지 않을까? 이어폰을 너무 좋아하다 보면 청각에 좋지 않다고 해서 나는 사람들이 별로 없는 한적한 곳에서는 소리를 크게 해서 그냥 듣는다. 항상 그렇게 듣고 다녀도 핸드폰 스피커 고장 난 적 없었다.

나는 기업들을 코칭하면서 "이제 비싼 빔 프로젝터를 새로 사야 한다면 버리세요. TV를 사세요."라고 추천한다. 아마 대형 스마트 TV가 있든가 또는 HDMI 기능을 지원하는 TV가 있다면 TV를 사용할 것을 추천한다. 일반 TV이더라도 HDMI 기능을 지원하면 무선 동글을 활용하여 핸드폰을 연결할 수 있기 때문이다. 회의실 규모에 따라 다를 수는 있지만 3~4백만 원 주더라도 스마트 TV를 사면 이제는 발표자가 자신의 핸드폰으로 자신의 설명할 부분을 핸드폰으로 켜서 스마트 TV에 연결하여 바로 설명하고 나면 핸드폰에서 Smart View 기능을 끄고, 다음 사람이 자신의 핸드폰을 다시 켜서 Smart View 기능을 켜면 다시 TV에 연결되어 설명하고 만일 보충 설명을 해야 할 일이 있으면 구글 드라이브에 들어가 필요한 자료를 찾아 그 자리에서 보여 주면서 회의를 진행할 수 있기 때문이다.

만일 CEO의 중요한 강의내용이나 또는 소위 '직원들에게 보내는 CEO의 편지'와 같은 것을 임직원 모두에게 알릴 내용이 있다면 본사에서 그것을 시행할 때 바로 녹음하면 된다. 즉시 서류화된다. 바로 104가지 언어로 번역할 수 있다. 물론 손을 좀 보아야 하지만 말이다. 그러면 그렇게 필요한 언어들로 번역된 '직원들에게 보내는 CEO편지'를 구글 드라이브에 올려놓으면 세계 각국의 현지법인은 즉시 그 내용을 다운 받아 그 나라 언어에 능통한 사람으로 하여금 잠시 수정을 하게 한 다음 당해 현지법인의 모든 임직원들에게 다시 구글 드라이브를 통해 올려놓기만 하면 모두가 읽을 수 있게 된다.

그런데 이와 같은 수평적 의사소통 시스템은 웬만한 규모의 중견, 중소기업들의 경우 CEO의 의지만 명확하다면 회사의 기업문화에 따라 조금 다를 수는 있지만 1~2달 정도면 구축을 완료하고, 내가 6개월가량 1달에 1번 정도 방문하여 코칭하면 회사 전체의 조직문화 변화까지도 이끌어 낼 수 있다. 클라우드이기 때문에 가능한 일이다. CEO는 언제든지 의문사항이 있으면 행아웃으로 나와 영상 통화를 한다. 임원회의를 하다가도 영상 통화를 하기도 한다. TV나 빔 프로젝터가 있다면 참석자 모두가 TV나 빔 프로젝터를 통해 나와 영상통화를 하거나 경우에 따라 내가 별도로 준비한 슬라이드를 넘겨 가면서 설명하는 것을 함께 보면서 말이다. 이제 클라우드 앱을 적극적으로 활용함으로써 진정한 의미의 스마트 워커가 되자. 그러면 새 세상이 열리게 된다. 스마트 워킹은 하드웨어적인 것이 아니다.

이제는 일에 쫓겨서 살 필요가 없다. 예전과 같이 스마트 워킹이 불가능했을 때에는 사무실이나 집에 있을 때 일하지 않으면 다른 방법으로 처리할 방도가 없었기 때문에 늘 제한된 시간과 장소에서 일을 마쳐야 했지만 이제는 시간과 장소에서 해방될 수 있다. 즐기고 싶을 때 즐기며 일하고 싶을 때 일할 수 있다면 얼마나 좋은 일인가?

이제 3~7장까지 배운 클라우드 기술을 활용하여 본격적으로 책 한 권을 시작하여 마무리 할 때까지의 프로세스를 구체적으로 알아보고 책 쓰기에 본격적으로 들어가 보자.

PART 8

책은 어떻게 태어나는가?

책 기획하기

책을 쓴다는 것을 산모가 느끼는 산고에 비유하기도 한다. 산모가 아니면 산고를 모르듯이 책을 써보지 않은 사람은 사실 고통을 알지 못한다. 그런데도 우리나라에서도 책을 쓰는 사람들이 점차 늘어나고 있고 하루도 빠지지 않고 책들이 쏟아져 나오고 있다. 책을 쓴 저자는 인구의 0.5%로 25만 명 정도라고 한다. 전 인구의 0.5% 안에 들어간다면 대단하지 않은가? 어렵다고는 하지만 저자가 된다면 0.5% 안에 드는 행운을 안게 된다.

그러나 저자가 되는 데 통계치보다 중요한 것이 있다. 책을 쓰고 났을 때 성취감이요 어렵게 해냈다는 만족감이다. 정말 뿌듯한 성취감은 높은 산을 힘들게 정복한 사람들만이 강한 희열을 느끼듯이 책을 내 본 사람만이 느낄 수 있는 감정이다.

글쓰기는 크게 나누면 문학적인 글쓰기와 비문적인 실용 글쓰기로 나눌 수 있는데 책 쓰기도 마찬가지로 문학적 책 쓰기와 비문학적 책 쓰기로 크게 나눌 수 있다. 그리고 비문학적 책도 그 안에 무궁무진한 종류가 있다. 일기, 가족문집, 전공서적, 일반서적, 자기계발서, 심지어는 자기가 살아온 삶을 담은 자서전 같은 종류의 책을 쓰고 싶어 하는 사람들이 너무나 많다.

그런데 이 책에서는 전공서적이나 소설, 수필, 시집 같은 문학적 글쓰기가 아니라 누구나 쓸 수 있는 일반적인 책을 대상으로 하고자 한다. 여기에 소개하는 내용들은 내가 20여 권의 책을 쓰면서 얻은 경험과 방법이 중심이 되어 있기 때문에 독자나 전문가에 따라서는 의견이나 방식이 다를 수 있다는 점을 사전에 밝혀둔다. 더구나 이 책은 '핸드폰 하나로 책 글쓰기'라는 책 제목에서 보듯이 최신의 클라우드 IT기법을 활용하여 책 글쓰기를 누구나 쉽게 시작하고, 적은 비용으로 빨리 쓰기 위한 방안이 소개되어 있다. 아마도 우리나라에서는 최초로 소개되기 때문에 다른 책들과 완전히 다르다.

책 쓰기를 마음먹었다면 본격적으로 책 쓰기에 들어가기 전에 책이 어떻게 기획되어 나오고 그 중간 실무과정은 물론, 책이 나온 이후에는 어떻게 홍보하고 활용할 것인지 전체 프로세스를 알아야 한다. 이를 앞장에서 배워온 클라우드 기술을 적용해가면서 책이 나오기까지의 전체 프로세스를 차례대로 소개한다. 특히 초보자들이 이를 따라서 그대로 실행해 본다면 책을 쓰는 데 크게 도움이 될 것이다.

쓰고 싶은 콘셉트와 청사진 그리기

쓰고 싶은 주제는 무엇인가? 책을 쓰려고 할 때 가장 먼저 할 일은 쓰고 싶은 주제를 정하는 것이다. 주제가 명확하지 않으면 책은 중구난방이 되기 쉽다. 가장 좋은 주제는 '지금 쓸 수 있는 것'이다. 저자가 지금 하고 있는 일이 가장 좋은 주제가 된다면 누구나가 시작할 수 있다. 어느 분야든 그곳에서 10년 넘게 일했다면 이미 전문가라고 해도 과언이 아닐 것이다. 게다가 연관 있는 책을 많이 읽었다면 이보다 더 좋을 수 없다. 책을 쓰고 싶은 콘셉트와 주제 정하기는 결국 책을 쓰려는 기획의도요, 전체 청사진을 그려보는 일이다. 이를 요약하자면 다음과 같다.

'이 책을 왜 쓰려고 하는가?'

'이 책은 어떠한 근거나 이유로 인해 쓰게 되었는가?'

호랑이는 죽어서 가죽을 남기고 사람은 죽어서 이름을 남긴다고 했다. 이름은 그 사람의 정체성을 나타낸다. 이런 이름 중 시장에서 통용되는 이름을 브랜드라고 한다. 누군가의 이름을 듣고 연상되는 것이 바로 그 사람의 브랜드다. 최근 책을 통해 강력한 개인 브랜드를 구축하는 사례가 빈번해졌다. 이런 변화에는 저명한 학자나 전문작가가 아닌 일반인들도 적잖이 동참하고 있다.

그중에는 한때 평범한 직장인이었다가 책을 통해 한 분야의 전문가로 거듭난 사람들도 있다. 앞에서 소개한 바 있는 공병호 소장, 엔지니어 출신 과학 칼럼니스트 이인식, 오지여행가 한비야가 바로 그들이다. 이런 사람들은 특정 영역에서 그 이름에 내로라하는 이름을 붙일 수 있는 고유한 사람들이다. 그렇다면 그들은 어떻게 자기만의 브랜드 구축에 성공했을까?

초보 작가나 예비 작가가 명심해야 할 사항 중 하나는 출판사를 설득할 수 없다면 독자도 설득할 수 없다는 사실이다. 저자는 누군가를 설득해야 한다. 독자층을 설정했다면 그 독자층을 설정한 이유와 근거가 당연히 뒷받침되어야 설득력을 얻을 수 있다. 대상 독자층을 명확하게 설정하기 위해서는 자신의 책을 객관적으로 볼 수 있는 시각이 있어야 한다. 저자에게는 저자의 원고가 매우 의미 있고 소중하다고 생각하겠지만 다른 사람에게는 그렇지 않다.

출판사 담당자는 매번 출간기획서와 원고를 검토하기 때문에 '출간기획서'라는 범주 안에서는 전문가라고 할 수 있다. 결국 눈에 띄지 않거나 애매모호하게 설정된 독자층을 상대로 한 책은 아무에게도 도움이 되지 않을 수 있다는 가정하에, 출간여부를 판단하게 마련이다.

내가 지금 쓰고자 하는 책은 누구를 위한 책인가? 나의 책은 남들에게 어떤 도움을 줄 수 있으며, 그 도움이 누구에게 필요한가? 명확하게 설정해야만 한다. 따라서 콘셉트를 정해 나가기 위해서는 최근 트렌드를 반영하고 앞서 나가고자 하는 수많은 독자들을 유혹할 수 있는 구상을 해야 한다.

이 책이야말로 독자에게 큰 도움이 될 수 있음을 확실하게 한 다음 이를 표현하라! 직장인을 위한 실무서, 인간관계, 대학생을 위한 자기계발, 전문가, CEO, 신입사원, 구직자, 공무원 준비생, 액티브 시니어, 사업성공학, 리더십 등 독자층은 매우 다양하고 넓다. 여기에서 단 하나를 선택하라! 그리고 선택의 근거를 뒷받침하기 위한 콘셉트와 청사진을 멋지게 그려라!

책 가제목 정하기

"제목 정하는 것이 가장 힘들어요!"

"제목에 따라 그 책의 성패가 좌우된다고 해도 과언이 아니에요. 그래서 출판사들은 독자들의 눈길을 사로잡을 수 있는 제목을 짓기 위해 총성 없는 전쟁을 벌이고 있죠."

편집자들의 말이다. 책의 콘텐츠가 아무리 뛰어나다고 해도 제목이 별로라면 독자가 그 책을 펴보지도 않는다. 그러면 그 책은 얼마 지나지 않아 사장되고 만다.

"내 아이의 이름을 정할 때 이렇게 정성을 들일 수 있을까? 책 제목을 정할 때마다 드는 생각입니다."

전문가들이라고 할 수 있는 편집자들은 오랜 경험을 가지고 있지만 하나같이 제목 짓기가 가장 힘들다고 토로한다. 그렇다 보니 제목을 잘 뽑는 편집자가 출판사에서 유능한 직원으로 꼽히기도 한다. 베스트셀러들 치고 제목이 빼어나지 않은 책이 없는 것만 봐도 제목이 책의 매출에 미치는 영향이

크다는 것을 알 수 있다.

먼저 제목을 왜 잘 지어야 하는지부터 생각하자. 책을 만드는 목적이 단순히 저자의 만족감을 위해서가 아니다. 많은 독자들에게 읽힐 때 책은 비로소 가치가 있을 뿐 아니라 생명력을 가지게 된다. 따라서 책 제목이 매우 중요하다. 서점에 진열되어 있는 수십만 권의 책들 가운데 독자들에게 한눈에 어필할 수 있어야 하기 때문이다.

더군다나 요즘 같이 책을 읽지 않는 시대에는 책 제목 짓기는 전략 차원에서도 너무나 중요하다. 저자가 원고를 고군분투하며 온갖 어려운 과정을 거쳐 만들었지만 제목이 좋지 않아 시장에서 외면을 당한다면 저자나 출판사, 그리고 책의 콘텐츠를 접하지 못하는 독자들 역시 막대한 손해이다.

뛰어난 편집자나 기획자들은 좋은 제목에 대해 "우선 책의 제목이 주는 임팩트가 중요하고 독자를 어떻게 유혹할 것인가? 제목이 좋아야 독자에게 선택받을 확률이 높다."고 한다. 제목은 책을 쓰는 과정 내내 생각하며 몇 가지를 골라 놓는다. 물론 출판과정에서 출판사와 협의를 하지만 책으로 전하고자 하는 핵심 주제를 저자만큼 잘 아는 사람은 없으니 저자의 의견을 많이 반영한다.

호기심을 불러일으킬 만한 감각적인 제목만이 독자의 눈길을 사로잡을 수 있다. 서점 베스트셀러 진열대에 가서 잘 팔리는 책들은 어떻게 제목을 지었는지 살펴보는 것도 제목을 정하는 좋은 방법일 것이다. 책에 대해 누구보다 잘 알고 있는 저자가 직접 제목을 정하는 작업이기는 하지만 저자가 정한 것이 최종적으로 출간될 책의 제목이 될 확률은 낮다. 그렇지만 자신의 책을 '출판사에 판매'한다는 생각으로 책의 제목을 짓는 것에 심혈을 기울일 필요가 있다.

책뿐만 아니라 뉴스기사, 보도자료, 인터넷 기사, 블로그 포스트 등 텍스트를 다루는 곳에서는 제목이 아주 큰 역할을 담당한다. 저자가 만약 독자라면 어떻게 책을 구매하겠는가? 물론 전체적인 내용을 살펴보겠지만 결과적으로는 책의 제목에 이끌려 구매하는 경우가 의외로 많을 것이다. 책의 제목을 짓는 것은 책의 원고를 쓰는 것만큼이나 어렵다. 하지만 고민과 고민 끝에 도출된 멋진 책의 제목은 저자의 원고를 더욱 빛낼 수 있다.

처음에 작성하는 출간기획서에 기입하는 책의 제목은 말 그대로 '가제목'이다. 너무 부담 가질 필요는 없지만 그렇다고 가제목이라 해서 아무렇게나 가볍게 써서도 안 된다. 아주 멋진 내용이 있다 한들 책의 제목에서부터 실망감을 안겨준다면 출판사는 물론 책이 나온 이후 독자들은 책을 펼쳐볼 생각도 하지 않을 것이다. 제목만 봐도 책의 내용이 궁금해지면 궁금해질수록 좋다. 제목만 보고도 책을 펼쳐보지 않고서는 호기심과 궁금증으로 참기 어려운 감정이 생긴다면 최고다.

물론 출판기획서가 작성될 때의 가제목이 그대로 책의 완성본으로 결정난 경우는 거의 없다. 최종 결정은 출판사가 하는 경우가 대부분이기 때문이다. 나는 그동안 개인적으로 책의 가제목을 선택할 때는 다음과 같은 방법을 사용해왔다.

1. 떠오르는 가제목을 모조리 적어본다.
2. 시간을 두고 계속해서 읽어보면서 제목을 수정해 나간다.
3. 최종 리스트가 완료되면 중복, 마음에 들지 않는 제목 등을 제거한다.
4. 주변 지인이나 친구들에게 책 제목에 대한 의견을 물어본다.
5. 이를 종합하여 최종적으로 가제목 2~3개를 결정한다.

결과적으로 제목은 저자의 메시지를 잘 반영하되 한번에 직관적으로 이해할 수 있는 말이 필요하고 독자들의 공감을 불러일으키도록 흔하지 않은 어휘와 구조가 되어야 한다. 그리고 될 수 있으면 짧지만 임팩트는 강해야만 한다.

세부 목차 만들기

주제와 제목이 정해졌다면 세부 목차까지도 사전에 정해 놓아야 한다. 여기서 목차는 두 가지 의미에서 꼭 필요하다. 우선 의도하고 있는 책 내용의 흐름을 결정하는 것과 흐름 안에 어떤 구체적인 꼭지를 넣을 것인지를 결정하는 주요한 일이기 때문이다. 전체적인 기승전결과 같은 흐름을 설정하고, 그 안에서 '1장 1절'과 같은 한 꼭지 단위로 내용들이 전개되어 밑으로 내려가는 세부 목차를 정해나간다.

그동안의 경험으로 본다면 세부 목차가 초기에 구상한 대로 완성되거나 정해진 경우는 거의 없었다. 왜냐하면 책 쓰기를 시작하여 오랫동안 자료를 모으고 정보를 수집하여 정리하다 보면 당초에 생각했던 것과는 크게 달라지기 때문이다. 따라서 초기에 세부 목차에 대해서 완벽성을 기할 필요도 없고 너무 고민을 많이 하여 시간을 끌 필요도 없다. 무조건 초안을 만드는 것이 무엇보다도 중요하다.

다만 세부 목차는 책의 가격 책정 및 인쇄, 제본 등에 절대적인 영향을 주는 예상 페이지 수를 생각해보아야 한다. 세부 목차도 이러한 분량을 사전에 감안하여 조절하고 정할 필요가 있다. 이를 요약한다면

1. 한 권의 책을 쓰려면 세부 목차를 정할 때 최소 3개 이상의 장Chapter을 마련해야 한다. 3개는 정말 최소 수준이고, 보통은 5개 이상이 좋다.
2. 한 장에 최소 3개 이상의 소제목의 꼭지를 넣어야 하는데 보통은 5~7개가 좋다. 한 개의 장이나 절은 완결된 하나의 이야기다. 그것만 떼어서 읽어도 무리가 없을 정도라면 더욱 좋다.

3. 책 한 권에 필요한 소제목 수는 적으면 50개에서 많으면 100개 정도 필요한데 책의 분량에 따라, 또한 한 꼭지를 얼마나 쓸 것인지에 따라 꼭지 수는 조정하면 된다.

목차를 잡으면서 혹시라도 자신이 생각했을 때 더 필요한 내용이 있거나 추가해야 할 내용이 떠오르면 자유롭게 추가하도록 하라. 소제목은 자세하면 자세할수록, 구체적이면 구체적일수록 좋다. 그래서 소제목을 쭈욱 훑어보기만 해도 그 책의 개요가 머릿속에 그려져야 한다.

출간 기획서 초안 쓰기

책 쓰기의 주제가 정해지면 가장 먼저 해야 할 일은 출간 기획서를 스스로 먼저 작성하는 것이다. 초고가 완료된 이후에 출판사에 제출하기 위해 기획서를 작성하는 경우가 있지만 나는 그동안의 경험으로 보아 처음부터 출간 기획서를 반드시 먼저 작성하라고 권한다.

예를 들어보자. 대부분의 회사에서는 다양한 사업을 진행한다. 사업을 계획할 때, 그리고 사업을 추진하기 전에, 전략기획 단계에서 꼭 필수적으로 거치는 단계가 바로 '사업계획서'를 작성하는 일이다.

실제로 사업계획서란 1~2장으로 끝나는 것이 아닌, 실행계획을 포함한 수십 장의 페이퍼로 구체적일수록 좋다. 잘 계획된 사업이라면 당연히 진행에 문제가 줄어들고 결과에 대한 비교도 가능하며 혹시 잘못되더라도 금방 수정을 하여 보완할 수 있다.

출간 작업도 비슷하다. 당연히 자신의 책은 자신이 가장 잘 알고 있다. 자신의 책을 출간하기 위한 계획서, 즉 책에 대한 전체적인 소개 및 향후 방향에 대한 계획과 전략이 모두 담긴 것이 바로 출간기획서다.

따라서 책을 쓰기 위한 출간 기획서는 책 원고를 다 쓰고 난 후 출판사에 보내는 출간 기획서와 그 내용이 목적에 따라 다를 수 있다. 여기서 이야기하는 출간 기획서는 자기가 쓰고 싶은 콘셉트와 청사진 그리기를 한 다음 책 전체의 구상을 보다 구체화시키는 작업이다. 물론 출판 이후 잘 팔리고 독자들에게 많이 읽히기 위한 세부전략이 빠져서는 안 된다. 이른바 종합 마스터 플랜과 같다.

반면에 책을 쓰고 나서 출판사에 제시하는 출간기획서는 출판사에게 "내가 책을 썼으니 한 번 보시오! 좋은 책이니 꼭 출간해 주시오!"라고 말하는 것과도 비슷하다. 우리가 회사에 입사하기 위해 이력서를 작성하는 것처럼 출판사에 출간을 제안하는 작업은 형식화 된 양식이 존재한다. 출판사 입장에서는 일단 출간 기획서를 읽어보고 흥미가 있을 경우에 전체 원고를 읽는 것이 효율적이기 때문이다. 출간 기획서는 출판사에 도움을 줄 뿐만 아니라, 책을 쓰는 저자에게도 큰 도움을 주는데 출간 기획서를 작성해 봄으로써 방향을 올바로 정하고 효율적으로 책을 쓸 수 있기 때문이다.

출간 기획서는 일정한 양식이 있는 것은 아니지만, 대체적으로 다음과 같은 내용을 담고 있어야 한다.

1. 출판의 목적
2. 책 제목(가제목)
3. 핵심 콘셉트
4. 주요 대상 독자층
5. 경쟁 도서 및 관련도서 분석
6. 초고 완성 및 출간 일정
7. 출판 후 활용 방안
8. 목차와 소제목

먼저 책에 대한 구상에는 가장 중요한 것이 책을 구상한 목적이다. 목적이 분명치 못한 경우는 책을 쓰면서 계속 흔들릴 수밖에 없다. 책 제목은 나중에 출판사와 협의해서 정하게 되지만, 책의 내용을 가장 잘 아는 저자의 입장에서 가능한 제목을 여럿 마음에 두는 것이 좋다. 책의 핵심 콘셉트는 쓰고자 하는 책의 핵심 내용을 요약해서 정리함으로서 쓰고자 하는 방향성을 정하는 데 중요한 역할을 한다.

대상 독자층은 핵심 독자층, 표준 독자층, 확산 독자층으로 세분하여 작성하는 것이 바람직하다. 책은 핵심 독자층을 염두에 두고 쓴다고 생각하고, 표준 독자층과 확산 독자층까지도 확장성이 있도록 해야 한다. 그렇다고 독자층을 너무 좁게 잡으면 출판사에서 싫어하지만, 전 국민을 대상으로 한 책도 환영받지 못하기는 마찬가지다.

경쟁 도서 및 유사도서 분석은 자신이 어떻게 책을 쓸 것인가 방향성을 정하고 많은 자료를 습득하는 과정이기도 하지만 출판사를 설득하는 내용으로 써야 한다. '경쟁 도서 및 유사도서와의 차별성'은 책의 특성과 방향성을 제시해 주는 것과도 연관이 되지만, 최근의 사회적 이슈와의 연관성, 시대적 필요성 등을 제시하면 좋다.

출판 후 활용 방안은 저자로서 책 출간 후 어디에 활용할 것이냐에 따라 책의 내용이 얼마든지 달라질 수가 있기 때문에 사전에 기획을 할 필요가 있다. 나는 책이 나온 이후의 활용계획을 세미나 교재나 강의 시 교재로 쓸 수 있도록 처음부터 방향을 정하고 책을 쓴 경험이 많은 편이다. 일부 저자들은 책 홍보는 당연히 출판사가 알아서 할 일이라고 생각하지만, 저자로서 책 판매에 공헌할 수 있는 방안을 고민해 봐야 하는 것은 당연한 일이다.

책 원고가 완성되었을 경우에는 당연히 목차를 옮겨 놓으면 되지만, 원고를 완성하지 않고 출간 기획서만 먼저 제출하는 경우에는 기획도서인 경우처럼 반드시 이를 먼저 제시해야 한다. 핵심 콘셉트와 요약 등이 있지만, 목차가 책의 내용을 가장 구체적으로 보여주기 때문이다.

만약 책 원고가 완성되지 않았는데, 출간 기획서만 출판사에 보내는 경우에는 내용 요약, 원고 분량, 초고 완성 예정일 등을 추가하는 것이 바람직하다.

나는 그동안 경험에서 초기에는 '출간 기획서'의 중요성을 알지 못했다. 몇 권의 책을 낸 후 뒤늦게 안 사실이지만 책을 출간하고 또 다시 다른 저서를 준비하고 있는 관점에서 볼 때, 출간기획서는 엄청나게 중요했다. 마치 책 쓰기 전에 출간기획서가 없다면 목적지 없는 내비게이션을 쫓아 운전하는 것과 같다.

자료 수집하기

관련 자료 및 정보 수집하기

책 쓰기를 마음먹었다면 관련 자료를 수집하는 일부터 시작해야 한다. 책을 처음 쓰고자 하는 사람들이 가장 어려움은 막상 쓰려고 하면 자료가 없다는 것이다. 특히 소설이나 문학 작품이 아니라면 책은 머리로 쓰는 게 아니라 자료로 써야 하기 때문에 자료가 없다면 책 쓰기가 진전될 수 없는 일이다.

20여 년 전만 하더라도 내가 책을 처음 쓸 때만 해도 필요한 책이나 자료를 구하려면 도서관을 찾거나 관련 인사를 만나서 자료를 구할 수밖에 없었다. 지금은 인터넷의 발달은 물론 검색기능의 다양화로 인해 예전과는 달리 마음만 먹으면 관련 자료를 구하는 것이 다양하면서도 매우 용이해졌다.

예를 들어보자. 요즘 결혼을 중개해주는 결혼중개업체 광고나 간판을 길거리에서 쉽게 볼 수 있다. 그러나 결혼 적령기가 되지 않은 젊은 사람들이나 이미 결혼을 해버린 기혼자들에게는 거의 눈에 띄지 않는다고 한다. 이처럼 정보는 시선을 어디에 두느냐에 달려 있다. 그리고 무엇 때문에 정보를 모으는지에 대한 목적의식이 없으면 정보는 그 어떤 것이라도 그냥 지나쳐 버리고 만다. 쉽게 번 돈은 쉽게 없어지듯이 정보도 편하게 얻은 것은 몸에 배지 않는다.

정보 수집을 위해서는 실제 최신 도구들을 잘 활용해야 한다. 4~5년 전까지만 하더라도 나는 정보 정리에 편리한 정리박스를 활용했다. 저자가 상당한 기간 동안 사용해 온 정보 수집 박스와 메모용 수첩은 이제 컴퓨터와 핸드폰 자료 관리로 대체되었다. 책을 처음 쓰는 사람들한테 가장 시간이 많이 걸리고 중요한 것이 자료 수집이다. 그런데 최신 기술을 모르는 사람들은 책을 읽다가 필요한 부분이 생기면 복사하여 스크랩해 놓든가 책 자체에 포스트잇을 붙여 놓아 나중에 필요할 때 찾아내어 PC에서 타이핑하는 방법 이외에는 별다른 수단이 없었다. 필요하다고 생각하는 자료들을 보관하는 방법도 문제였었다. 그러나 지금은 필요한 부분은 어디에서, 언제 발견하였든 장소와 시점에 관계없이 언제든지 사진을 찍기만 하면 문서가 된다.

정보 수집은 정보검색으로 원하는 정보를 거의 해결해준다. 특히 PC를 쓰지 않고도 이제 핸드폰에서 말로 명령만 내리면 언제 어디서든 각종 검색엔진에 들어가 필요한 자료를 찾아 준다. 그 자료를 즉시 복사하여 내가 저장하고자 하는 형태로 클라우드에 저장해 놓을 수 있다.

더구나 외국 서적이나 자료에서 책 집필에 필요한 부분이 있다면 이제는 걱정할 필요가 없다. 필요한 부분을 사진을 찍거나 혹시 전자서적으로 읽을 수 있는 책자라면 그 문서를 그대로 번역기에 넣기만 하면 즉시 번역해 주기 때문에 예전에 비하면 책 쓰기가 엄청나게 유리해졌다. 관심 있는 정보를 얻기 위해서 안테나를 뽑아 놓기만 하면 관련 정보가 모아질 수 있기 때문에 관심을 두기만 한다면 정보 수집은 걱정할 필요가 없는 세상이 되었다.

여기서 중요한 것은 필요한 자료나 정보가 남의 것만으로 모두 채워져서는 결코 안 된다는 것이다. 노래하는 가수가 남의 노래만으로 유명해질 수 없듯이 반드시 자기가 살아온 과정에서 얻은 지식과 경험이 주체가 되도록 하여 자기의 목소리가 담기지 않으면 결국 남의 책이나 정보를 옮겨놓은 것에 불과해지기 때문에 제대로 된 책이 나올 수가 없다.

그렇다고 살아온 삶이란 삶 전체가 아니라 책의 주제와 관련된 저자의 경험과 지혜만을 필요로 한다. 특히 자기계발서나 자서전의 경우는 저자의 성공 경험이나 스토리가 핵심적으로 들어가야만 살아있는 글이 되고 남들과 차별화된 책이 될 수 있다.

실용서책은 머리가 아니라 자료로 쓴다고 했다. 앞에서 소개한 여러 가지 클라우드 기술을 활용한다면 필요한 정보습득은 그 범위가 대폭 넓어지고, 그 자료 습득에 걸리는 시간은 생각보다 빠르다. 특히 외국어 자료나 이미지 자료를 그대로 사진으로 찍기만 하면 문자로 자료화되는 기술을 사용한다면 획기적인 수단이 된다.

경쟁 도서 분석과 많은 책 읽기

물속에 비친 자신의 모습을 사랑해서 물에 빠져 죽게 된 '나르키소스'는 지나치게 자신만을 들여다보고, 그를 사랑했던 다른 존재들을 돌아보지 못했다. 책을 쓸 때 자기주장이나 핵심이 반드시 필요하지만, 지나친 자기애는 경계해야만 한다. 주변의 경쟁 도서와 트렌드 분석을 통해 차별화할 부분과 받아들일 부분을 구분해야 한다. 그래야 독자들에게 사랑받는 책을 쓸 수 있다.

책을 쓰기 시작하기 전에 경쟁 도서 분석을 통하여 내 책의 장점 등을 알고 상대가 없는 시장으로 들어가야 한다. 철저한 비교, 분석, 그리고 나만의 창조의 세계로 들어가도록 방향을 잡는 것이 중요하다.

한 권의 책을 쓰기 위해서는 최소한 20~30권의 경쟁 도서를 사서 분석해야 한다. 분석표를 만들어서 제목, 부제, 홍보문구, 프로필, 앞뒤 날개 문구, 뒤표지 문구, 서문 및 후기, 목차, 부록, 각 꼭지 시작 문구, 각 꼭지 정리 문구, 에피소드의 제시방법, 수사법, 삽화에 이르기까지 그야말로 철두철미하게 분석하고 따라 해야 한다. 책 쓰기 코치를 하고 있는 이상민 씨는 이를 '모델 북 해킹'이라고 부른다. 아무리 사소한 것도 빠짐없이 분석하는 것이 중요하다.

'독서백편의자현讀書百遍義自見'이라는 말을 들은 적이 있을 것이다. 뜻이 어려운 글도 자꾸 되풀이하여 읽으면, 그 뜻을 스스로 깨우쳐 알게 된다는 말이다. 책 쓰기는 망망대해를 혼자서 항해하는 것과 같다. 이때 도움이 되는 것이 바로 경쟁 도서 벤치마킹과 관련도서 읽기가 된다.

그리고 관련도서를 많이 사서 읽어야 한다. 실제로 나는 책 한 권을 쓸 때마다 예스 24에 들어가서 관련도서 리스트를 만들어 직접 사기도 하지만 교보문고에 가서 이 리스트의 책들을 대강 넘겨보고 참고가 된다면 관련도서를 모조리 산다.

이제는 창의력도 두뇌가 아닌 엉덩이에서 나온다고 말한다. 될 때까지 계속하는 근성이 창의력을 발휘하는 단초가 된다. 경쟁 도서를 분석하다 보면 '아! 딱 이 책처럼 썼으면 좋겠다.' 싶은 좋은 책이 있다. 이런 책은 모델 북으로 선정해서 철저하게 분석해야 한다. 그리고 잘된 요소를 추출해서 내 책에 의미를 부여하고 새로운 가치를 녹여 넣어야 한다.

"Good writers are avid readers." 단어대로 해석하면, "훌륭한 작가들은 열렬한 독서가들이다." 조금 풀어보면 이렇게 된다. "글을 잘 쓰려면 책을 열심히 읽어라." 글쓰기를 가르치는 대부분의 전문가들은 동의한다. 좋은 책을 쓰고 싶다면 무엇보다도 먼저 해야 할 일이 관련 도서나 경쟁이 되는 책에 대한 많은 독서를 해야만 한다.

우리나라 국민들은 얼마나 열심히 책을 읽을까? 요즘 책과 신문 읽는 사람을 찾기도 쉽지 않다. 대신 스마트폰에 열중하는 사람들만 가득하다. 2016년 문화체육관광부가 발표한 '2015년 국민 독서실태 조사' 결과는 우리를 당혹스럽게 만든다.

통계에 따르면, 우리나라 독서율은 성인 65.3%, 학생 94.9%로 나타났다. 성인은 2년 전보다 6.1%, 학생은 1.1% 감소한 수치다. 성인이 1년간 책 1권 이상을 읽는 사람이 10명 중 7명이 채 안 된다는 뜻이다. 3개월 동안 단 한 권의 책도 읽지 않은 사람이 10명 중 6명꼴인 59.2%로 나타났다. 그 어떤 수치보다 부끄러운 수치다. 성인 독서율만 보면, 1994년 86.8%를 기록한 이래 지속적으로 감소하고 있다. 책 구입비도 매우 적다. 성인들이 책 사는 데 쓰는 비용이 연간 평균 4만 8천 원에 불과했다. 과연 우리나라가 최고의 교육열을 자랑하는 나라인지 의심이 들 정도다.

독서야말로 사람을 더욱 아름답고 풍요롭게, 또 유능하게 만드는 최고의 방법이다. 이지리더 독서경영연구소 이원종 대표는 "사자성어 가운데 '처마의 빗방울이 돌을 뚫는다.'는 '점적천석點滴穿石'이라는 글귀를 가장 좋아한다고 한다. 독서와 시간 관리를 습관화하는 것이 이와 유사하다.

책을 500여 권 남긴 다산茶山 정약용은 책 읽기에서 5천 권 이상을 읽어야 한다는 주장을 폈다. 마이크로소프트 창업자 빌 게이츠는 1만 4,000여 권의 책을 소장한 '개인 도서관'을 가장 아낄 만큼 유명한 독서광이다. 무한한 상상력으로 스마트폰 시대를 연 스티브 잡스도 독서에 관한 한 이에 못지않았다. 평소 '아이폰이 서 있는 곳은 인문학과 기술의 교차점'이라며 '세상에서 가장 좋은 것은 책과 초밥'이라 말할 정도였다.

나이가 들면 시력이 나빠지고 집중력이 떨어져 독서에 애로사항이 생긴다. 그러나 이것도 이유가 되지 못한다. 앞에서 소개한 대로 책이나 글도 소리로 읽어 주며 TV만으로도 책 읽기가 얼마든지 가능하기 때문이다.

독서는 인류 역사상 가장 훌륭한 스승들에게 배우는 작업이다. 생각하게 하고 깨닫게 하고 따라 하게 한다. 고난이 닥쳐왔을 때 자신을 구원해 준 것이 한 권의 책이며, 난제를 만났을 때도 책에서 그 해결책을 구했다는 사람들의 이야기는 독서가 인생에서 왜 중요한지를 일깨워준다.

관련 자료 분류 및 소제목과 연결 짓기

아무리 많은 정보와 자료가 많이 모아져 있다고 하더라도 책 쓰기에 관련된 핵심적인 정보만을 다시 정리하는 작업이 필요하다. 방대한 자료를 모았다면 소제목과 연결시키는 것이 매우 중요한 작업이다. 이 작업은 소제목들이 집을 지을 때 기둥과 골격이라면 벽돌을 차곡차곡 쌓아 올리는 작업이다.

요즘은 이러한 작업을 컴퓨터나 핸드폰에서 아주 쉽게 할 수 있기 때문에 설령 처음의 작업이 제대로 되어 있지 않더라도 걱정할 필요가 전혀 없다. 수시로 얼마든지 재작업을 통해서 재정리가 가능하므로 일단 분류하여 소제목마다 가득 채워 넣는 것이 급선무다. 일단 소제목마다 자료가 가득 채워졌다면 그 다음부터는 꼭 필요한 정보나 자료만을 남겨두거나 지우기도 하고 부족한 내용은 메모해 두었다가 추후에 다시 채워 넣도록 하면 된다.

예전에는 방대한 자료를 분류하고 정리하여 소제목과 연결하는 데 엄청난 시간과 어려움이 많았다. 자료를 일일이 가위로 잘라 붙이기도 하고 이러한 자료를 다시 컴퓨터에 재입력을 해야만 했다. 지금은 검색을 통해 분류하는 방법이 너무나 발달해서 아무리 방대한 자료라도 키워드만 입력하면 제목은 물론 내용 안에 숨어있는 단어까지 골라서 찾아주기 때문에 자료를 보관할 때 제목만 잘 달아 놓아도 짧은 시간 안에 소제목과의 연결 작업이 가능하다.

따라서 이미 6장에서 핸드폰으로 자료 관리하기에서 설명했듯이 가장 먼저 이루어져야 하는 일이 자료실을 어떻게 꾸밀 것인지를 구상하는 일이요, 그 구상 결과에 따라 구글 드라이브를 효과적으로 구성해야 할 것이다. 구글 드라이브에 각종 폴더들이 구성되고 나면 PC나 노트북에서 자신의 PC나 노트북에 저장되어 있는 자료들을 복사하여 PC나 노트북의 탐색기에 나타난 구글 드라이브의 대상 폴더에 붙여넣기 해 주기만 하면 그때부터 언제, 어디서나 핸드폰으로 자료를 활용하고 수정 보완하고 다른 사람들과 공유할 수 있는 나의 클라우드 환경이 일단 조성된 것이다.

책 본문 원고 완성하기

본문 쓰기와 분량 조절하기

모든 자료와 글쓰기 소재들을 소제목별로 연결시켜 놓았다면 이제 쓰고자 하는 책을 구상했던 전체 흐름과 어떻게 일관성 있고 매끄럽게 완성해 나갈 것인가를 검토해야 한다. 따라서 먼저 해야 할 필수적인 중요한 과정은 책 쓰기를 구상했던 초심으로 돌아가 전체 흐름이 그 당시 기획했던 내용과 일치하고 있는지 체크를 하고 작업을 시작해 나가야 한다.

전체 흐름을 살핀다는 말은 '논리 전개'가 무리가 없는지 살피는 것으로 중간을 생략하고 껑충 건너뛰면 '논리적 비약'이 되고 만다. '흐름이라는 단어를 보면 알겠지만 글은 마치 강물처럼 위에서 아래로 흘러가는 것처럼 자연스럽고 매끄럽게 전개되어야 한다. 따라서 장이나 꼭지마다 글을 다 쓴 뒤에는 중간에 징검다리가 잘 놓여 있는지 확인해 볼 필요가 있다. 첫 문장은 어딘가에서 발원한 물줄기에 해당되는지 그 물줄기가 다른 물줄기와 만나면서 강의 폭이 넓어지고 깊이를 얻게 되는데 강물이 된 물줄기는 유유히 흘러서 바다로 향하게 된다. 따라서 '부족하거나 미진한 내용'이라고 느낀다면 그게 주제에 맞는지 따져본 뒤에 필요하면 추가로 넣고, 군더더기라고 생각되면 과감히 빼는 것이 좋다.

그렇다면 하루에 얼마나 쓸까?

하루에 얼마의 원고를 써야 하는지 정해진 건 없지만 이렇게 생각해 보자. A4 120매의 분량을 채워서 책을 한 권 쓴다고 생각할 때 A4 120매를 채운다는 말은 A4 1~2페이지짜리 꼭지를 60~70개를 쓴다는 말이다. 그렇다면 하루에 A4 1장씩 쓴다면 두 달이면 한 권의 책을 쓸 수 있다는 말인데 이는 전문작가가 아니면 결코 쉬운 일은 아니다. 그렇지만 이러한 상세계획을 세워두지 않는다면 책을 쓴다는 것은 공염불에 지나지 않는다. 모든 꼭지의 분량이 똑같을 필요도 없다. 조금 긴 것도 있을 것이고, 조금 짧은 것도 있겠지만 너무 길어지면 중간에 소제목을 추가로 넣어서 읽기 지루해지지 않도록 만들면 된다.

무엇보다 중요한 건, 본문 쓰기라는 부담감을 조금이라도 줄이려면 '하루에 한 꼭지씩 쓰는 것'으로 계획을 잡는 게 좋다. 그러려면 목차를 보다 구체적으로 만들 필요가 있고 원고를 쓰는 도중에 목차가 이상하다고 느끼면 목차를 이리 보고 저리 보면서 예뻐 보일 때까지 다듬어 보완해 나가면 된다.

본문을 쓴다고 해서 원고지에 쓰는 경우는 이제 거의 없다. 컴퓨터를 활용해 쓸 경우에 자료의 호환이나 양을 체크하기 위해서는 표준서식을 정해 놓을 필요가 있다. 그동안 경험으로 본다면 컴퓨터로 작업할 경우 문서 사이즈: A4, 글자 크기: 10포인트, 줄 간격: 160으로 작업하는 게 보통이다. 그러나 시니어들이나 눈이 나쁜 사람인 경우 글자 크기를 11포인트, 줄 간격 180으로 하고 작성하면 글자도 시원시원해서 작업하기는 편해진다.

초보 저자들이 가장 궁금해하는 것 가운데 하나가 원고를 '얼마나' 써야 하느냐 하는 점이다. 예상 페이지 수는 저자가 쓴 원고가 책으로 출간된다고 할 때, 대략 몇 페이지 정도의 책으로 만들어질 것 같은지를 묻고 있다. 독자가 책을 구매한다면 어느 정도의 내용이 있어야 읽을거리가 있다고 생각하고, 돈이 아깝지 않을지 상상해보라. 그렇다면 과연 책 한권의 분량은 어느 정도가 되어야 할까?

예를 들어보자. 만약 원고를 한컴오피스의 '한글(아래아 한글)' 프로그램에서 작성했다고 가정하자. 한 권 분량의 글자 수는 15만 자를 기본으로 삼는 것이 일반적이다. 페이지 수는 글자체, 글자 크기, 자간 넓이, 폭 높낮이 등의 다양한 변수가 있기 때문에 여기에서는 일반적으로 예상 페이지 수를 산출할 수 있는 방법을 설명하고자 한다.

그동안의 경험으로 본다면 10포인트 기준으로 A4 한 장의 경우 2.2~2.5페이지의 책 분량의 경우가 일반적이었다. 따라서 300페이지 책의 경우는 원고는 A4로 120~140페이지가 될 것이고, 책의 분량이 350페이지라면 A4로 140~160페이지를 써야만 한다.

본문을 써내려갈 때 꼭 염두에 두어야 할 일이 있다. 아무리 좋은 내용이나 전문성이 있다고 하더라도 글이 너무 딱딱하거나 지루하다면 독자들로부터 외면 받을 공산이 크다. 글은 중학생 눈높이로 써야만 한다는 주장도 있지만 이를 해결하는 방법 중의 하나가 이해를 돕기 위한 예문이나 사례를 넣는 방법이다. 더구나 이러한 예문이나 사례가 자신이 과거에 직접 경험했거나 실제적으로 현장에서 적용되어 성공적으로 활용되었던 것이라면 금상첨화다. 자기개발서나 에세이, 자서전의 경우는 더욱 실제 경험이 핵심이 되어야 설득력이 있고 다른 경쟁서와 차별화가 가능하다.

전문서의 경우도 장이나 절마다 실제 쪽 사례를 넣어 본문을 정리한다면 시각적인 효과도 있고 독자들이 읽기도 수월해질 수 있기 때문에 매우 효과적이다.

초고 원고 다듬고 교정하기

시인 윤동주는 한마디 시어詩語 때문에 몇 달을 고민하고, 헤밍웨이의 소설『노인과 바다』는 100여 번의 수정을 거듭해서 나왔다고 알려져 있다. 송나라 문장가 구양수는 시를 쓴 이후에 벽에 붙여두고 방을 드나들 때마다 고민했다고 한다. 하물며 처음 글을 쓰거나 책을 쓴 사람이라면 오죽하랴!

당나라의 시인 가도賈島는 나귀를 타고 친구의 집을 찾아가는 길에 한 편의 시가 머리에 떠올랐다.

閑居隣竝少(한거린병소) 한가하게 거하니 함께하는 이웃이 드물어

草徑荒園入(초경황원입) 좁다란 오솔길에 잡초만이 무성하구나

鳥宿池邊樹(조숙지변수) 새들은 연못가 나무 위에서 잠자고

여기까지는 단숨에 읊었으나 그 다음 결구結句가 얼른 생각나지 않았다.

僧推月下門(승추월하문) 스님은 달빛 아래서 문을 밀고 있구나

이상과 같이 끝을 맺어 보기는 했으나, 어쩐지 마음에 들지 않았다.

〈推〉자를 두드릴 고〈敲〉로 바꿔 볼까 싶어, '僧敲月下門'이라 고쳐 보기도 하였다. 〈推〉자와 〈敲〉의 어느 글자를 써야 할지 얼른 판단이 나지 않아 정신없이 나귀를 몰아가다가, 그 당시 경윤京尹 벼슬을 지내던 대 문장가이자 당송 8대가의 한 사람인 한유韓愈의 행차를 비키지 못해 그 앞에 불려가게 되었다. 엄숙한 분위기에서 가도는 자기가 영감의 행차를 막게 된 이유를 설명하였다. 그랬더니 한유는 충돌에 대한 책임에는 아무 말도 않은 채 "〈推〉자보다는 〈敲〉자가 월등하게 좋소이다."라고 말하여 그때부터 글자와 글을 고칠 때 쓰는 말로 '퇴고'라는 말이 생겨나게 된 것이다. 이처럼 원고를 고치는 일은 중요하기도 하지만 쉬운 일만도 아니다.

일단 초고를 완성한 다음에 일차적으로 해야 할 일은 잘못된 부분이나 어색한 부분을 고치는 일이다. 무엇보다도 먼저 할 일은 오자나 탈자를 찾아내어 바로잡아야 한다. 잘못된 글자나 탈자가 있으면 우선 무성의하게 느껴지

고 글에 대한 신뢰도가 떨어지기 마련이다. 최소한 오자와 탈자는 없도록 해야 한다.

물론 출판에 들어가기 전 출판사에서 초고를 여러 번 검토하면서 바로잡고 윤문을 하면서 교정과 교열을 하는 단계에서 모두 잡아주는데 이는 출판사의 일이다. 그 이전에 자기가 쓴 글에 대해서는 최대한 성의를 보여주는 것은 저자의 최소한의 성의이고 예의라고 할 수 있다.

문제는 자기가 쓴 글은 자기가 고치는 데 한계가 있다는 것이다. 비록 자기가 썼다 하더라도 남의 힘을 빌리는 것도 좋은 방법이다. 중국의 시성이라 일컫는 두보杜甫는 시를 지은 다음에 그 시를 어머니에게 들려주어 반응이 있을 때까지 고치고 고쳐 발표하였다고 한다. 나도 글을 쓰거나 책의 초고가 완성되면 반드시 아내에게 교정을 부탁했다. 글쓰기나 책 쓰기에 전혀 문외한인데도 용케 잘못된 부분이나 틀린 글씨까지 정확히 잡아낸다. 심지어 문맥이 이상한 것도 발견해주고 중복되거나 어색한 내용까지도 잡아내 준다.

내가 에세이 클럽에서 글쓰기를 배울 때 손광성 선생님은 공부하는 학생들의 글을 하나하나 빨간 볼펜으로 수정해 주셨다. 그때마다 수정한 부분이 하도 많아 '딸기밭'으로 불릴 정도였는데 그게 창피하다고 생각할 것이 아니라 그러한 과정을 통해서 매끄럽고 아름다운 글이 되어 나온다고 생각해야 한다.

대개 처음 글은 쓴 사람들이나 나이가 든 분들의 글은 문장이 길다. 띄어쓰고 끊어주는 기준이 없다 보니 그렇다. 특히 나이 드신 분들은 한자를 많이 쓰거나 접속사를 거의 사용하지 않는다. 이 두 가지만 바꾸어도 문장이 쉽고 매끄러워진다.

여기서 중요한 것은 앞에서 소개한 대로 다 작성된 원고를 수정하는 데 TV화면을 연결해서 눈으로 보면서 교정할 경우 4~5배 빠르고 그 효과도 아주 다르다는 경험을 소개했는데 이 방법을 사용하면 큰 효과가 있다는 것을 다시 한 번 강조한다. 특히 눈이 나쁜 시니어들에게는 반드시 이 방법을 권하는 바다.

수정에서의 가장 큰 과제는 자기가 전달하려는 기획의도에 적합하게 전달되도록 글을 제대로 썼는지 체크하는 일이다. 특히 기승전결이 있어서 도입과 전개, 그리고 전달하려는 메시지 전달이 되고 있는지를 여러 번 반복해서 읽으며 체크해야만 한다.

서문과 후기 쓰기

서문, 맺음말 쓰기를 어떻게 소개할 것인가? 본문 쓰기를 마무리하면 서문과 맺음말을 써야 한다. 서문에서는 책을 잘 소개해야 한다. 책을 고르는 사람들은 서문과 목차를 본 다음 후기를 훑어보는 관행이 있다. 이를 보고 책을 고를 때가 많다. 서문은 이 책을 읽으면 독자에게 어떤 이익이 있는지를 분명하게 알려 주는 글이다. 머리말은 격에 따라 '프롤로그' 또는 '책을 펴내며' 등으로 표현하기도 한다. 200만 부를 팔아서 밀리언 베스트셀러로 유명한 김난도 교수의 『아프니까 청춘이다』의 프롤로그는 명언과 함께 시작하여 사람들의 관심을 유도하고 있다.

"젊음은 젊은이에게 주기에는 너무 아깝다." 영국의 작가 조지 버나드쇼는 이렇게 말했다. 이처럼 청춘을 한마디로 말하기에는 절절한 표현도 부족하다고 생각될 만큼 젊음은 소중하고, 희망이 있다는 말로 시작했다.

서문에서는 여러 방식의 표현 방법이 있지만 보통 책을 왜 썼는지, 이 책이 다른 책과 차이점은 무엇인지, 이 책을 왜 읽어야 하는지, 이 책을 읽고 어떻게 활용해야 하는지, 이 책을 어떻게 구성하였는지를 쓴다. 그렇다고 너무 장황해서는 핵심을 놓칠 가능성이 있고, 처음부터 지루하게 느껴질 수 있기 때문에 길어도 3~4페이지를 넘기지 않는 게 좋다.

반면에 맺음말에는 저자가 독자에게 마지막으로 해 주고 싶은 말을 쓴다. 하지만 머리말에서 처음에 작성한 내용들이 반복되어서는 안 된다.

맺음말은 '책 마무리'라고도 한다. 이 부분도 책을 고르기 전에 반드시 먼저 눈이 가는 부분이니 신경을 써야 한다. 책 내용을 요약할 수도 있다. 아니면 글을 쓰는 과정에서 생겼던 크고 작은 에피소드 중심으로 정리할 수도 있다. 마지막 부분이기 때문에 책을 덮으면서 여운을 남기도록 써야 한다.

요즘 독자들은 더 이상 추천사를 크게 믿지는 않는다. 그럼에도 불구하고 추천사만큼 초보 저자의 책을 빛나게 하는 방법은 없다. 그렇다고 반드시 유명인사일 필요는 없다. 그 분야 실무자나 예상 독자 가운데 책을 미리 읽고 '강추' 하는 추천사를 써준다면 독자에게 오히려 잘 통할 수 있다. 최근 동향을 보면 책 속의 긴 추천사보다는 날개나 뒤표지에 3~5줄 정도의 길이로 추천사를 넣는 경우가 많다.

여기에 등장하는 추천인들도 지나치게 거물급 인사보다는 현장의 실무자나 책을 판매하는 데 도움이 될 전문가나 지인을 넣어 책의 무게를 늘리면서도 자연스럽게 홍보로 연결되는 방식이 훨씬 나을 수 있다.

저자 소개하기

출간 제안서를 작성하고 내 원고에 맞는 출판사를 선정했으면 이젠 매력적인 저자 프로필을 작성해야 한다. 저자 프로필 역시 출간제안서와 마찬가지로 너무나 중요하다. 출판사 편집자가 출간제안서 가운데 프로필을 가장 먼저 보기 때문이다.

저자 프로필이 독특하면서 무언가 끌림을 갖게 하면 편집자는 다른 것까지 세세하게 보게 된다. 그래서 어떤 저자들은 원고를 다 쓴 후 저자 프로필을 쓰기 위해 몇 주씩 고민하며 시간을 보내기도 한다.

그런데 안타까운 것은 초보 저자들은 프로필을 엉성하게 쓰는 이들이 많다는 것이다. 특히 자비출판으로 책을 내본 경험이 있는 어떤 사람은 저자 소개를 쓰라 하니 마치 입사지원서에 있는 자기소개서를 예상했는지 구구절절 지루하게 쓰는 경우도 있다. 결코 이렇게 하면 안 된다. 저자는 지금 '자기소개'가 아니라 '저자 소개'를 쓸 예정이기 때문이다. 자기소개와 저자 소개는 개념적으로 다르다.

저자가 전략적으로 저자 소개를 작성하고 싶다면, 학벌이나 책 주제와 관련이 없는 많은 경력보다는 저자가 쓴 책과 관련된 내용으로 저자 소개를 써 내려가야 한다. 예를 들어 블로그와 관련된 내용에 대한 책을 썼다면 저자 소개도 당연히 블로그에 대한 전문성을 중심으로 소개되어야 한다. 이때에는 파워블로그나 블로그 운영 경력, 수상, 칼럼 기고, 방문자 수, 글 수, 보여줄 수 있는 공식화된 데이터나 자신의 이름이 올라간 보도자료, 관련 책이나 저서가 있다면 그것들과 관련된 논문이나 학력, 직업이라든지 IT와 관련된 다양한 프로필 등에 초점을 맞추어 작성해야 좋다.

저자 소개는 미리 작성해두는 편이 좋다. 나중에 출간 계약이 끝나고 나면 저자 교정이나 제목 선정 등 해야 할 일들이 산더미인 데다가 원래의 생업도 겸해서 해야 하기 때문이다. 책을 쓸 때나 출간 기획서를 쓸 때, 말하자면 책에 완전 몰입되어 있을 때야말로 저자 소개를 쓸 절호의 찬스다. 나중으로 미루어 '계약되면 써야겠다!'라는 잘못된 전략을 선택한다면, 저자의 저서 출간은 기약 없이 세월만 허비하게 될 것이다.

일반적인 통념과는 다르게 저자 소개는 독자에게 상당한 영향을 준다. 독자는 저자의 전문성과 경험 등을 책이라는 매체를 통해 구매하는 것과 같다. 즉, 저자는 독자보다 책에 들어있는 내용과 분야에 대해서만큼은 전문가여야만 한다. 따라서 독자들은 저자 소개를 유심히 살펴보고 책의 구매 결정 여부를, 한마디로 책을 읽을지 말지에 대한 가부를 결정한다. 저자 소개는 심지어 책의 내용까지 다르게 만들 수 있다. 저자가 말하는 수학개념과 내가 말하는 수학개념, 그리고 수학 전문가나 수학 전문교수가 말하는 수학개념은 와 닿는 느낌이 전혀 다르다. 똑같은 개념이라고 할지라도 말이다.

결국 저자 소개는 이처럼 심혈을 기울여 써야 한다. 관련 경력과 내용들을 확실하게 어필해야 한다. "나는 책과 관련된 아무런 경력이나 경험이 없어요!"라고 말한다면 원고를 쓸 수도 없었을 것이지만 어떻게든 썼다고 하더라도 책을 출간하기는 많이 힘들 것이다. 그렇기 때문에 지금부터라도 관련 경력이나 경험을 쌓아둘 필요가 있다.

일반적으로 책 소개에 들어가는 분량은 어느 책이나 비슷비슷한데, 실제로 저자가 써야 하는 저자 소개의 분량은 그보다 많아야 한다. 최종 선택은 저자와 출판사가 결정할 것이다. 일단은 최대한 자세하면서도 강력한 포인트가 드러나도록 쓰는 것이 좋다.

출판사 선정과 계약하기

출간 기획서 보완과 출판 제안하기

책 쓰기와 글쓰기의 가장 큰 차이점이라면 책은 공짜로 나눠주는 것이 아닌 이상, 누군가에게는 읽히고 판매되어야 한다는 것이다. 책이라는 것은 문학적이고 예술적인 부분과 기록이나 전문자료로서도 존재하지만 경제적인 면도 같이 존재한다는 사실이다. 더군다나 출판사는 이익을 도모하는 회사다. 물론 책을 통해 더 좋은 세상을 만들고 더 뛰어난 사람을 양성한다는 위대한 명분도 함께 가지고 있다.

요즘처럼 책이 팔리지 않는 불황기에는 출판사에서 가장 당면한 과제는 역시나 '돈'에 관한 부분이다. 가장 기본적인 운영비가 있어야 출판사 자체를 운영할 수 있기 때문이고, 그래야만 더 좋은 작가를 찾아 나설 여유를 갖고 베스트셀러 및 스테디셀러가 될 많은 책들을 여유롭게 검토할 수 있기 때문이기도 하다.

그래서 책 쓰기를 시작할 때 초기에 써 놓은 출간기획서와 초안을 완료한 후 출판사에 보여주어야 할 출간 기획서를 쓸 때 돈과 관련된 해당 항목을 유심히 보완하여 쓸 필요가 있다. 가령, 대상 독자층이라든지, 예상 페이지 수 등을 통해 대략적인 비용을 가늠해 볼 수도 있다. 출판사는 저자가 생각하는 책의 가격과 예상 판매 부수를 요구한다. 그리고 경쟁 도서를 분석하고 현재의 출판시장을 이해하게 하며, 저자가 제시한 책의 가격 및 판매 부수에 원고가 정말 걸맞은지를 알고 싶기 때문이다.

이를 위해 가까운 서점이나 도서관을 찾아가서 자신의 원고와 비슷하고 자신이 생각했을 때 책의 최종 완성본이라고 그려지는 청사진과 비슷한 책을 골라 가격을 보면 된다. 예상 정가를 산출할 때에는 근거를 명확하게 하면 좋다.

가령, 예상 페이지 수가 약 250페이지 정도라면 산출내역을 위한 책도 250페이지 정도를 고르는 것이 좋다. 출간된 지 너무 오래된 책은 국가 인플레이션이나 물가를 반영하지 못할 수도 있다. 따라서 최근 2년 정도의 책을 찾아보고 참고한다면 도움이 될 것이다.

출간 기획서에서도 드러나긴 하지만 샘플 원고를 통해 출판사는 저자의 필력과 생각들, 흥행성 등 책과 관련된 대부분의 것들을 판단할 수 있게 된다. 당연하게도 출판사 입장에서는 샘플 원고를 읽어보고 싶어 한다. 왜냐하면 출간기획서가 아무리 좋아도 원고 자체가 부실하면 아무 소용이 없기 때문이다. 말하자면, 샘플 원고는 출판사 입장에서 볼 때 '이렇게 멋진 출간기획서에 어울리는 원고가 나중에 잘 도착할 것인가?'를 판단하게 하는 유일한 척도가 된다는 것이다.

샘플 원고가 좋은 점은 원고 전체가 완료되지 않은 상황에서도 '출간기획서+샘플 원고' 조합을 통해 출판사에 투고하고 출간제의를 해볼 수 있다는 것이다.

출간기획서가 살짝 부족하더라도 샘플 원고가 좋으면 선택을 받을 수도 있다. 이것은 괜찮은 전략이며 일종의 단시간에 출판사를 결정하는 복안이라고도 할 수 있다. 그래서 투고를 할 때에는 꼭 출간기획서와 샘플 원고를 함께 보내는 것이 좋다.

원고 보낼 출판사 선정하기

원고가 준비되었다고 일이 다 끝나는 것은 아니다. 책을 인쇄할 출판사를 정해야 한다. 출판사는 편의상 대형 출판사와 소형 출판사로 나눌 수 있다. 여기에는 어떤 차이가 있을까? 우선 대형 출판사는 기획력이 탄탄하고 홍보 능력이 있다. 대형 출판사에서 책을 낼 수도 있다. 큰 행운이 아닐 수 없다. 하지만 대형 출판사에서 책을 내는 것은 쉽지 않다. 책을 내고 싶어 하는 사람이 너무 많고 지명도가 없으면 접근 자체가 어렵다. 지명도가 있더라도 책이 팔릴 확률이 적으면 책을 내기가 쉽지 않다.

나는 대형 출판사에서 주로 책을 냈기 때문에 많은 사람들이 책 발간을 부탁해왔다. 소개도 많이 해주었다. 하지만 실제로 책 발간까지 연결되는 사례는 많지 않았다. 사장은 좋다고 하는데 실무자인 팀장이 반대하는 경우도 있다. 이는 대체로 팀장들은 성과급을 받기 때문에 자기가 자신이 없으면 부정적으로 대응을 하기 때문이다.

따라서 처음에는 소형 출판사에서 경험을 쌓아 점차 대형 출판사로 가는 방법이 적절하다고 생각된다. 아무래도 책을 한 번 내본 경험이 있는 사람은 그 책이 자신을 홍보해주기 때문에 다음 책을 발간하는 것이 그만큼 쉬워진다. 소형 출판사든, 대형 출판사든 중요한 것은 콘텐츠이다. 글의 내용이 좋으면 어디서든 환영 받을 기회는 있다.

출판사에 투고를 하기 위해서는 먼저 출판사의 목록을 리스트업 해야 한다. 인터넷 검색 및 인터넷 서점 등을 통하면 빠른 시간 내에 많은 출판사를 리스트업 할 수 있다. 하지만 무작정 투고한다고 해서 책 출간이 이루어지지는 않는다. 모든 일이 그렇듯 투고에서도 전략과 계획이 필요하다. 지금 저자와 내가 쓰고 있는 출간기획서도 그렇지만 이 투고 작업도 마찬가지로 최종 목적지는 단 한 곳이다. 바로 책 출간을 위한 투고 전략 및 계획은 다음과 같이 이루어진다.

첫째, 먼저 조사된 출판사 리스트에서 가장 마음에 드는 출판사 몇 곳을 선택하는 작업이 필요하다. 무조건 크다고 좋은 출판사는 아닐 수 있으며, 작가 자신과 성향이라든지 여러 가지 코드가 맞는 출판사가 좋을 수도 있다. 이 부분을 꼼꼼히 따져보고 검토해 본 다음 출판사를 선택해야 할 것이다.

둘째, 선택된 몇몇의 출판사 이름을 검색하여 해당 출판사에서 지금까지 출간했던 책들이 어떤 것들이 있는지 살펴본다. 대부분의 출판사에서는 자신만의 주력장르가 있다. 소설이면 소설, 일반문학이면 일반문학, 실용서면 실용서, IT 계열이나 교과서 형태 등 장르는 매우 다양하다. 일단은 장르 자체가 같은지 검토해본다. 만약 장르가 비슷하지 않거나 아예 동떨어진 주제라면 아무리 좋은 원고와 출간기획서가 준비되어 있다 하더라도 해당 출판사에서 출간을 결정할 확률은 낮다.

셋째, 출판사 홈페이지 등 해당 출판사에 투고하는 방법을 알아내야만 한다. 큰 출판사들은 자신들의 홈페이지에 투고 메뉴를 만들어 두기도 하고, 이메일을 통한 투고 방법을 안내하기도 한다.

여기에서 주의해야 할 점은 출판사들 중에서 자신들만의 '출간기획서 양식'을 배포하는 경우다. 이럴 때는 공유되어 있는 해당 출판사의 출간 기획서에 저자가 지금까지 썼던 출간기획서 내용을 다듬어 붙인 다음, 해당 양식으로 투고를 해야 한다. 출판사에는 하루에도 엄청나게 많은 출간 문의가 들어온다. 파일을 열었을 때, 양식조차 지키지 않은 기획서를 누가 관심을 가지고 읽어보겠는가? 저자가 정말 자신의 원고를 책으로 만들 생각이 있다면, 해당 출판사에서 출간기획서 양식을 배포하고 있는지 꼭 확인하라!

출판사에 최종 원고 피칭하기

마지막으로 출판사에 투고할 차례다. 어쨌거나 해당 출판사에 투고하는 시스템은 약간씩 다르기 때문에 해당 출판사에서 요구하는 방법을 통해 투고를 해야 한다. 투고를 할 때 저자가 준비해야 할 것은 총 두 가지이다. 출간기획서와 샘플 원고가 그것이다. 이 두 가지를 각기 다른 파일로 준비해서 보내도 되고, 출간기획서 파일 내에 붙임 문서와 같은 형태로 함께 보내는 방법도 있다. 중요한 것은 내용이다. 파일의 형태가 어떻든 내용은 빠짐없이 모두 들어가 있어야한다.

딱 한 곳의 출판사에만 투고하는 것은 잘못된 전략이다. 그 출판사에서 저자의 책을 출간해줄지 그렇지 않을지는 아무도 모르기 때문이다. 저자는 해당 출판사에서 "이 원고를 백지수표를 써서라도 책으로 출간합시다."라는 말을 듣고 싶겠지만 현실은 냉정하기 그지없다. 리스트업 했던 출판사 몇 곳에 동시에 투고하는 방법을 사용하는 편이 유리하다.

투고를 했다면 이제는 기다림의 시간이 또 다시 찾아온다. 저자의 출간기획서와 샘플원고가 검토되는 시간이 필요하다. 빠르면 일주일, 늦으면 수개월이 걸릴 수도 있다. 이때의 기다림에서는 원고 작성과 출간기획서 작성, 그리고 투고 작업까지 마친 자신에게 적절한 휴식을 주고 어느 정도 에너지를 충전한 다음 원고를 다듬는 기간으로 삼으라. 또한 투고했던 모든 출판사에서 거절당할 경우를 고려하여 차순위 출판사를 물색하고 투고 준비를 해야 한다.

출판사에서 저자의 원고와 출간 기획서를 검토한 다음 최종적으로 출간을 결정했다면 어떤 방식을 통해서라도 연락을 취할 것이다. 이때의 연락 수신을 좀 더 수월하게 하기 위해서 투고할 때 자신의 이메일과 연락처를 꼭 기입해 두어야 한다. 반대로 저자의 원고를 출간하지 않겠다고 결정되면 재미없는 일이 일어나기도 한다. 조금 친절한 출판사라면 "작가님의 원고와 기획서를 모두 검토했으나 OOO의 이유로 인해 출간하지 못할 것 같다."는 회신 답변을 줄 것이다. 아예 관심이 없는 출판사에서는 회신 자체를 안 해주는 경우도 있으니 그래도 실망하지 말고 다른 출판사를 통해 계속해서 투고하는 끈질긴 집념이 필요하다.

투고를 어떻게 하느냐에 따라 저자의 원고가 책으로 나올 수도 있고 그렇지 않을 수도 있다. 예전에 한 번 반려당한 출판사라도 해도 얼마간의 시간이 지난 뒤, 그리고 원고와 출간 기획서를 확실하게 다듬은 다음 재투고 할 계획도 고려해야 하는데 이것은 절대로 부끄럽거나 민망한 일이 아니다. 저자의 최종 목표는 책 출간이다.

문제는 원고 작성 도중에 투고하게 될 경우이다. 이때에는 원고 완성 일정을 적절하게 제시해야 한다. 그리고 큰 이변이 없다면 해당 일정에 최대한 맞춰서 원고를 출판사에 넘겨주어야 한다. 이것은 상호 간의 약속이자 출간 일정 및 프로세스 운영에 큰 영향을 주기 때문이다.

출판사 인쇄본 교정과 보완하기

원고가 전달되고 출판사가 결정되었다면 드디어 저자의 손을 떠나 출판사에서의 책 출간의 내부 프로세스가 본격 진행되기 시작한다. 출판사의 책 출간 일정표에는 빽빽할 정도로 많은 원고들이 인쇄를 기다린다는 사실을 염두에 두어야 한다. 내가 쓴 원고는 이제 출간 대기열에서 어디쯤에 들어가야 할지 선택당해야 한다. 그 결정은 당연하게도 출판사 담당자다. 저자가 제시하는 예상 집필 완료 시기를 기준으로 출판사 담당자는 책의 인쇄시기를 판가름하게 된다. 만약 이 일정이 뒤틀리게 되면 전체적인 일정이 뒤로 밀리거나 뒤죽박죽되어 골치를 아프게 하기 때문에 저자가 제시하는 일정을 최대한 지켜주길 바라는 것 또한 출판사 담당자의 마음이다.

아울러 완벽한 책이 되기 위해서 표지의 디자인, 종이의 재질, 종이 두께, 흑백 혹은 컬러, 사진의 삽입 유무, 이미지 삽입 유무, 간지 유무, 도수 등에 대해서도 자기가 의도하는 책이 되도록 참고가 되는 자기 의견을 전달해야 할 필요도 있다.

예상 정가도 협의하여 산출했다면 이제 예상 판매 부수를 산출할 차례다. 예상 판매 부수는 예상 정가보다 더 산출하기 힘든 카테고리다. 아직 책이 서점에 깔리지도 않았고 마케팅도 하지 않았는데 도대체 몇 권이나 팔릴지 어떻게 알 수 있단 말인가?

예상 판매 부수는 사실 출판사 입장에서 볼 때 비용 산출 및 인쇄를 가늠하게 하는 척도가 된다. 엄청나게 많이 팔릴 것 같은 책이라는 판단이 든다면 조금 더 공격적으로 인쇄를 할 것이고, 그저 그런 책이나 버리기는 아까운 존재라면 대폭 축소된 인쇄부수를 결정할 것이다. 물론 누구나 책이 엄청나게 많이 팔리고, 해외에도 번역되어 수출되며, 베스트셀러는 물론이고 스테디셀러에까지 오르기를 꿈꾸겠지만 그런 일은 자주 일어나지는 않는다. 결국 예상 판매 부수는 현실적으로 정하는 것이 좋다.

여기서 중요한 것은 최종 원고를 넘기는 정확한 일정이다. 초보 작가들이 실수하는 부분은 바로 여기다. 처음 출판 계약서에 사인할 때는 한껏 고무되어 있는 나머지 3개월이 걸려도 완성할까 말까한 원고 분량을 1개월 만에 완료하겠다고 다짐하기도 한다. 그리고 이 내용을 너무나도 당당하게 출판사에 전달한다. 출판사 입장에서는 당연히 저자의 말을 믿을 수밖에 없다. 어떤 근거나 데이터가 없는 상황이기 때문이다. 하지만 시간이 지나면 호언장담했던 원고 완성 일정은 계속해서 뒤로 밀린다. 2개월, 3개월, 그 이상…. 상황이 이렇다 보니 출판사 측에서는 '계약서상에 작가는 원고를 언제까지 전달해야 한다. 이것을 지키지 못한다면 출판사가 일방적으로 계약을 파기할 수 있다'는 조건을 내걸기도 한다.

출판사에서 원고를 넘기고 나면 출판사는 1차적으로 윤문 작업과 1차 수정 원고가 되면 저자에게 확인 작업을 의뢰하게 된다. 이러한 작업은 출판사에 따라 차이가 있게 되는데 대개 최종 완료까지 3~4회 계속된다. 이때 저자는 오탈자를 찾아내고 문구를 수정하는 일도 중요하지만 그 사이에 추가로 넣거나 뺄 부분은 없는지, 잘못된 부분은 없는지를 살피는 데 중점을 두어야 한다. 여기에서도 원고를 수정할 때 TV화면을 연결해서 눈으로 보면서 교정할 경우 속도도 빠르고 큰 효과가 있다는 것을 다시 한 번 강조 한다.

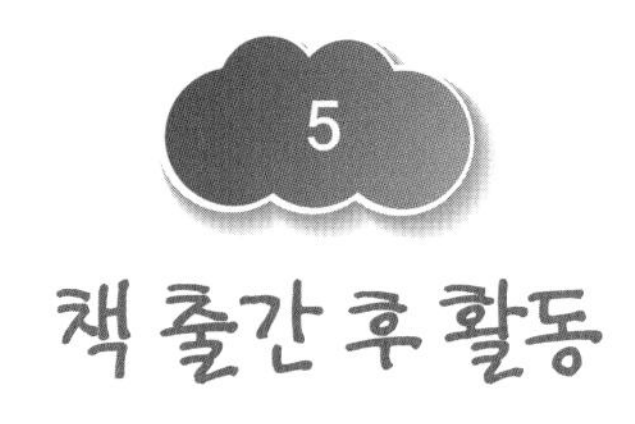

책 출간 후 활동

출간된 책 홍보와 활용하기

"만약 책이 출간될 경우 저자는 어떻게 책을 홍보할 것인가?"

요즘 같은 불경기에도 신간이 홍수처럼 쏟아지고 있다. 이런 신간의 홍수 속에서 내 책이 팔리려면 독자들의 눈길을 끌 수 있어야 한다. 그렇지 않다면 서점의 매대에 진열된 지 2주일 정도 후에는 내 책은 흔적도 없이 사라지게 된다.

물론 홍보는 출판사가 책을 팔기 위해 책임지고 다각도로 준비하는 것이 당연하지만 나는 책을 쓰려는 사람들에게 출판사에서 자신의 책이 출간되면 독자에게 어필하고 홍보를 하는 데 협조적이어야 한다고 생각한다.

출판사에서 책을 출간하는 이유는 결과적으로 판매를 목적으로 한다. 하루에도 수십 권 이상의 신간들이 쏟아져 나오고 책을 읽는 사람들의 숫자가 급격하게 줄어들고 있는 출판시장의 상황을 고려하면 저자 자신의 홍보계획이야말로 정말 눈에 보이는 중요한 부분이다.

저자가 독자들에게 어필하는 방법은 사실 많지는 않다. 그러나 단체 구매가 가능하거나 영향력이 있는 지인에 책을 소개하거나 신문 · 잡지를 연결할 수 있는 경우 신간코너에 책 소개를 부탁할 수도 있다. 그리고 개인적인 활동으로는 개인메일 소개, SNS와 블로그, 저자 특강 등이 있다.

여기에다 언론사를 적극 활용해 자신의 책을 사람들에게 어필하는 방법을 출판사와 같이 노력하는 방법을 적극 권한다. 사실 더 독자들의 눈길을 사로잡고 지갑을 열게 하는 데 있어 광고보다 더 강한 효과를 발휘하는 것이 바로 언론 기사이다. 예를 들어 2017년 4월에 내가 17번째로 출간한 『Samsung HR Way』는 감사하게도 한국경제신문에 책 소개가 실렸다. 이후 그 기사로 인해 판매를 활성화하는 데 많은 기여를 했고, 책에 대한 신뢰도가 크게 올라가는 효과도 있었다.

요즘에는 젊은이들이 신문을 거의 보지 않아 광고는 출판사에서 막대한 비용을 들여서 해도 그다지 효과가 크지 않다. 반면에 책 소개 기사는 공짜로 이루어짐에도 독자들을 서점으로 이끄는 힘을 발휘한다. 왜냐하면 광고에는 상업적인 냄새가 물씬 풍기지만 책 소개 기사는 기자나 그 분야의 전문가가 객관적으로 책을 소개하므로 독자들의 신뢰도가 훨씬 높기 때문이다.

책 출간과 맞먹을 정도로 중요한 것이 책 홍보이기 때문에 저자도 심혈을 기울여야 한다. 홍보야말로 요즘같이 불황과 책을 사지 않는 상황에서 책을 팔게 하는 유일한 척도이다. 이름값이 있는 유명한 저자들은 책 내용에 관계없이 유명세만으로도 많은 책을 단기간에 팔아치울 수 있다. 하지만 초보자나 경력이 적은 저자의 경우는 그렇지 않다. 심지어 저자가 누구인지도 모른다. 그렇기 때문에 홍보야말로 책을 세상에 알릴 수 있는 유익한 방법이다.

저자가 할 수 있는 또 하나의 홍보의 좋은 방법은 출간된 책을 강의나 세미나를 열어서 교재로도 쓰고 참가자들에게 비용을 받으며 나누어 주는 방법이 있다. 심지어는 이 책을 적극적으로 자기가 하고 있는 사업에 연결해서 활용한다면 책을 쓴 최고의 보람도 있을 것이다. 사실 전문작가가 아닌 다음에야 책을 써서 인세를 받아 수익을 남긴다는 것은 아무나 가능한 일이 아니다.

저자 출판기념회

책자를 홍보하는 방법으로는 여러 가지가 있지만 대개 출판사의 업무이고 저자가 홍보를 직접 수행하는 데는 한계가 있다. 그 중의 하나가 저자 특강이나 출판 이벤트 그리고 출판기념회라고 할 수 있다.

책이 나오면 "출판기념회를 해야 하나. 한다면 어떻게 할 것인가?"를 생각하지 않을 수 없다. 흔히 출판기념회라고 하면 정치인이나 저명인사들이 호텔이나 문화회관에서 거창하게 하게 경우를 떠올리기 쉽다. 하지만 꼭 그렇게 생각할 필요는 없다. 가까운 친지들을 초청해서 조촐하게 하는 경우도 있다. 아니면 가까운 가족과 함께 조용히 기념회를 가져도 된다.

책 쓰기를 해내려면 시작과 끝이 중요한데 그러려면 일정관리가 중요한 일이다. 책을 내겠다는 마음을 먹었다면 끝까지 밀고 나가고 집중해야 한다. 그런데 책을 쓰는 과정이 늘 순탄치만은 않다. 힘이 들 때도 많고 슬럼프가 찾아오기도 한다. 글이 잘 써지지 않으면 괜히 시작한 것 같은 회의와 좌절감도 밀려온다. 그럴 때 슬럼프를 극복하고 집중하는 방법 중의 하나가 출판기념회 날짜를 미리 정하는 것이다. 이를 위해서라면 의미 있는 날, 예를 들면 입사 30년 차, 퇴직기념, 결혼 30주년, 회갑, 고희 등 자신이 축하하고 싶은 날을 선정하면 더욱 확실해진다.

출판기념회에 일정한 격식은 없다. 오히려 격식을 지나치게 차려서 출판기념회를 거행하게 될 경우 억지로 참석해야만 하는 경우도 많아 거기에 참석하는 사람들 모두에게 기분 좋은 일이 아닐 수도 있다.

그런 이유로 나는 20여 권의 출판을 했지만 일부러 출판기념회를 한 번도 열어본 경험이 없다. 다만 자연스럽게 기존의 모임에서 케이크 하나를 자르며 축하받을 정도의 행사로 진행했던 경우는 여러 번 있었다.

결국 출판기념회는 자신의 형편에 맞게 하면 된다. 그리고 책을 쓰는 과정에서 책 쓰기의 마지막은 출판기념회가 피날레를 장식하는 일이다. 자신의 이름으로 당당하게 세상에 나올 책을 상상하면서 출판기념회 때 참석자들에게 전하고 싶은 저자의 소감과 감사의 인사말을 마음속으로 준비해 보자.

참고로 앞서 여러 차례 이 책에 소개한 양병무 교수의『일생에 한 권 책을 써라』에 나오는 출판기념회 소감을 소개하면서 이 책을 마무리 하고자 한다.

"바쁘신 중에도 귀한 시간을 내어서 부족한 사람의 출판기념회에 참석해 주시니 정말 감사합니다. 처음에 제가 책을 쓴다는 것은 손에 장을 지질 일이라고 생각했습니다. 글을 쓰는 것도 정말 힘들었고요. 그런데 제 이름으로 된 책을 보니 저의 모든 것이 이 책 속에 녹아 있다는 것을 느꼈습니다. 제가 평범한 삶을 살아오면서 가졌던 철학과 가치관과 원칙들을 정리해 보았습니다. 책을 쓰고 또 보면서 기록의 마력을 체험할 수 있었습니다. 제 머릿속에만 있었던 기억들이 살아나 저에게 이야기를 해주고 있습니다. 신기한 경험을 할 수 있었습니다. 그리고 여기에 계신 분들께서 책을 아직까지 안 쓰셨다면 꼭 책을 써 보시라고 권유해드리고 싶습니다. 이 자리를 빛내 주셔서 대단히 감사합니다."

책 글쓰기가 들불처럼 일어나기를 기대하며

4차 산업혁명은 여러 가지로 정의되지만 모든 것이 융복합적으로 초연결이 되는 것이라고도 말할 수 있다. 그러다 보니 이제까지의 온갖 기술과 데이터가 합쳐져서 전혀 다른 새로운 형태의 기술로 탄생한다. 『핸드폰 하나로 책과 글쓰기 도전』 책이 나오게 된 것도 바로 전혀 다른 영역의 관심을 가진 두 사람의 합작품이다.

이 책은 참으로 절묘한 결합으로 이루어진 책이다. 나는 책과 글쓰기에 관심이 있고 이 책이 20번째 책이다. 책과 글을 더 잘 써보려고 10여 년간 인간개발연구원의 '에세이 클럽'에서 공부도 해왔다. 그러던 차에 2017년부터 이 에세이 클럽을 '책 글쓰기 학교'로 바꾸어 얼떨결에 회장을 맡게 되었다. 책 쓰기를 희망하는 200여 명의 회원들과 직접 매월 공부하는 연회원들이 쉽게 책을 쓸 방법이 있을까 관심이 많았던 차에 IT관련 시스템 판매를 사업으로 30여 년을 몸 바쳐온 장동익 고문의 클라우딩 기술에 대한 이야기를 듣고 전광석화 같은 아이디어가 튀어 나왔다. 강민구 판사가 그렇게 강조한 클라우드 앱 기술을 활용하여 책을 쓴다면 되지 않을까?

이 책은 이러한 아이디어로 쓴 우리나라 최초의 책인지도 모른다. 아이디어를 내고 바로 착수하여 내가 맡은 절반가량은 정확히 30일 만에 초고를 탈고하는 기록을 세웠다. 물론 처음 기술을 적용하다 보니 서투르고 경험도 없어서 이 책에 소개된 모든 방법을 동원한 것도 아닌데 말이다. 20여 년간 책을 쓴 나도 놀랐고, 공저자 장동익 고문은 책을 처음 써보는 왕초보인데도 책을 쉽게 쓸 수 있다는 데 흥분을 감추지 못했다. 주위에서는 감탄과 아울러 믿기지 않는다는 의아한 눈치다.

누구나 한 권쯤 책을 쓰고 싶은 희망을 가지고 있다. 그러나 책 쓰기는 결코 쉬운 일이 아니다. 더구나 나이가 들어 60이 넘어 책을 쓰는 데 가장 큰 적은 시력과 기억력이다. 노안도 문제지만 난시까지 있는 나에게는 책을 오래 읽거나 독수리 타법으로 컴퓨터로 자판을 친다는 게 여간 괴로운 일이 아니다. 방대한 자료 수집이나 마지막으로 교정을 할 때 실질적으로 놀라운 효과를 경험했다.

나는 이 책을 쓰면서 새로운 사실을 발견했다. 최근 책 쓰기나 글쓰기를 가르치는 학원이나 모임이 우후죽순처럼 늘어나고 있다는 사실과 또 하나는 앙케트에서 밝혔듯이 여기에 젊은이들이 많다는 사실이다. 젊은 사람들이 쓴 창업이나 기술에 대한 책들이 쏟아져 나오고 있고, 책 쓰기 학원에도 젊은 사람들이 의외로 많이 모인다고 한다.

클라우드 앱 기술을 활용하면 이러한 노력을 과감하게 줄이는 것 이외에도 자료 수집부터 교정에 이르기까지 광범위하게 적용해서 기회비용을 대폭 줄일 수 있다. 경비보다도 더욱 중요한 사실은 이러한 기술을 활용한다면 책을 전혀 써보지 않은 왕초보자들도 "나도 할 수 있다."는 자신감을 가질 수 있다는 게 더 큰 효과일지도 모른다.

여기서 중요한 사실은 책 쓰기 열망이 클라우드 앱을 활용하여 '왕초보인 나도 글과 책을 쓸 수 있다'는 자신감을 넣어주기만 한다면 시니어들은 물론

이고, 젊은이들의 책 쓰기는 들불처럼 번져 전국에 확산이 될 거라는 희망찬 생각을 해본다. 특히 젊은 사람들은 클라우드 기술에 대한 습득이 빠르고 스마트 핸드폰에 대한 조작이나 활용이 시니어들과 비교가 되지 않을 정도로 빠르기 때문에 더욱 그렇다.

다만 이러한 기술을 이 책을 읽는 것만으로는 바로 적용하기는 어렵다. 활용법을 제대로 아는 데 그치지 않고 몸에 배도록 숙달이 필요하다. 그래서 실무적으로 적용할 수 있는 활용법인 '핸드폰 하나로 책 글쓰기' 세미나를 5월부터 하루 과정으로 개설하였고 이러한 세미나나 행사를 매달 개최하여 지속적으로 확대해 나가려고 한다.

이제 80까지 일을 하며 건강해야 하는 100세 시대다. 글을 쓰고 책을 쓰는 힘은 참으로 대단한 효과가 있다. 평생 현역으로 살아가는 최고의 비책이기도 하다. 나는 책을 쓰고 글을 쓴다면 은퇴 이후에 삶의 빈 공간을 아주 의미 있고도 활기차게 살아가는 아주 유효한 방법이라고 강력하게 추천하고 싶다.

나는 대기업을 나와 20년 가까이 컨설팅과 교육을 하고 있지만 강의 전체의 70~80%가 과거 20여 권의 졸저나 신문, 잡지에 기고한 글을 보고 연락이 오는 경우다. 특히 컨설팅의 경우도 책을 읽어보고 오는 경우가 반 이상을 점하고 있다. 책이나 글을 통해 소통이 되다 보니 별다른 마케팅 기능이 없이도 지금의 일을 해낼 수 있고, 60대도 20년 더 현역으로 80까지 일하는 2060을 몸소 실천하려고 노력하고 있다.

그 나라 문화수준을 알아보려면 서점을 가보면 알 수 있다는 말이 있다. 선진국에는 책이나 글을 쓰는 사람이 많고, 책을 읽는 사람도 많은 게 사실이다. 우리도 선진국으로 가려면 글을 쓰고 책을 쓰는 사람이 많아야 한다. 책을 쓴다는 것은 꼭 전문가의 영역만은 아닌 것 같다. 누구나 지속적인 노력과 열정만 있다면 가능한 일이다.

어느 누구든지 살아온 길을 되돌아보면 몇 권의 책을 쓸 수 있는 소재를 가지고 있다. 평생에 단 한 권의 책이라도 써서 세상에 기록으로 남긴다면, 먼 훗날까지 자신의 살아온 경험과 역사를 세상에 남길 수도 있다. 이 책을 읽고 왕초보인 당신도 한번 책 쓰기에 도전장을 내보는 것은 어떨까?

– 공저자 가재산 씀

가장 중요한 것은 질문을 멈추지 않는 것이다.

알버트 아인슈타인Albert Einstein

들은 것은 잊어버리고, 본 것은 기억하고 직접 해본 것은 이해한다.

공자孔子

이해하려고 노력하는 행동이 미덕의 첫 단계이자 유일한 기본이다.

바뤼흐 스피노자Baruch Spinoza

도서출판 행복에너지

큰 희망이 큰 사람을 만든다.

토마스 풀러 Thomas Fuller

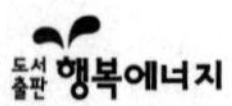
도서출판 행복에너지